T0198576

essentials

essentials liefern aktuelles Wissen in konzentrierter Form. Die Essenz dessen, worauf es als „State-of-the-Art" in der gegenwärtigen Fachdiskussion oder in der Praxis ankommt. *essentials* informieren schnell, unkompliziert und verständlich

- als Einführung in ein aktuelles Thema aus Ihrem Fachgebiet
- als Einstieg in ein für Sie noch unbekanntes Themenfeld
- als Einblick, um zum Thema mitreden zu können

Die Bücher in elektronischer und gedruckter Form bringen das Expertenwissen von Springer-Fachautoren kompakt zur Darstellung. Sie sind besonders für die Nutzung als eBook auf Tablet-PCs, eBook-Readern und Smartphones geeignet. *essentials:* Wissensbausteine aus den Wirtschafts-, Sozial- und Geisteswissenschaften, aus Technik und Naturwissenschaften sowie aus Medizin, Psychologie und Gesundheitsberufen. Von renommierten Autoren aller Springer-Verlagsmarken.

Weitere Bände in dieser Reihe http://www.springer.com/series/13088

Michael Hauschild

Neustart des LHC: CERN und die Beschleuniger

Die Weltmaschine anschaulich erklärt

Michael Hauschild
Genf, Schweiz

ISSN 2197-6708   ISSN 2197-6716 (electronic)
essentials
ISBN 978-3-658-13478-5   ISBN 978-3-658-13479-2 (eBook)
DOI 10.1007/978-3-658-13479-2

Die Deutsche Nationalbibliothek verzeichnet diese Publikation in der Deutschen National-
bibliografie; detaillierte bibliografische Daten sind im Internet über http://dnb.d-nb.de abrufbar.

Springer Spektrum
© Springer Fachmedien Wiesbaden 2016
Das Werk einschließlich aller seiner Teile ist urheberrechtlich geschützt. Jede Verwertung, die
nicht ausdrücklich vom Urheberrechtsgesetz zugelassen ist, bedarf der vorherigen Zustimmung
des Verlags. Das gilt insbesondere für Vervielfältigungen, Bearbeitungen, Übersetzungen,
Mikroverfilmungen und die Einspeicherung und Verarbeitung in elektronischen Systemen.
Die Wiedergabe von Gebrauchsnamen, Handelsnamen, Warenbezeichnungen usw. in diesem
Werk berechtigt auch ohne besondere Kennzeichnung nicht zu der Annahme, dass solche
Namen im Sinne der Warenzeichen- und Markenschutz-Gesetzgebung als frei zu betrachten
wären und daher von jedermann benutzt werden dürften.
Der Verlag, die Autoren und die Herausgeber gehen davon aus, dass die Angaben und Informa-
tionen in diesem Werk zum Zeitpunkt der Veröffentlichung vollständig und korrekt sind.
Weder der Verlag noch die Autoren oder die Herausgeber übernehmen, ausdrücklich oder
implizit, Gewähr für den Inhalt des Werkes, etwaige Fehler oder Äußerungen.

Gedruckt auf säurefreiem und chlorfrei gebleichtem Papier

Springer Spektrum ist Teil von Springer Nature
Die eingetragene Gesellschaft ist Springer Fachmedien Wiesbaden GmbH

Was Sie in diesem *essential* finden können

- Wer forscht denn da? – Eine kurze Geschichte des Europäischen Forschungszentrums für Teilchenphysik CERN
- Materie und Kräfte! – Eine kleine Übersicht des Standardmodells der Elementarteilchenphysik
- Teilchen, ganz schwer! – Wie CERN zu seinem ersten Nobelpreis kam
- Immer schneller! – Ganz kleine und ganz große Teilchenbeschleuniger
- Die Weltmaschine! – Der Weg zum LHC, der größten Maschine aller Zeiten

Vorwort

Die Weltmaschine, der Large Hadron Collider LHC am CERN, dem Europäischen Forschungszentrum für Teilchenphysik bei Genf, ist der größte Teilchenbeschleuniger der Welt. Erste Ideen und Konzepte zum LHC gab es bereits Anfang der 1980er Jahre. Von diesen Anfängen dauerte es jedoch mehr als ein Vierteljahrhundert, bis der LHC schließlich fertiggestellt wurde, ein ringförmiger Teilchenbeschleuniger mit 27 km Umfang, 100 m unter der Erde. Als am 10. September 2008 zum ersten Mal Teilchenstrahlen im LHC zirkulierten, war die Freude unter den Wissenschaftlern grenzenlos. Der Start des LHC mit Liveübertragung aus dem LHC-Kontrollraum war weltweit in den Top News der Medien. Die Physiker lagen sich in den Armen.

Nur wenige Tage später, am 19. September 2008 kam die große Ernüchterung. Bei einem Test passierte es: Eine von über 10.000 Kabelverbindungen hielt den Belastungen der hohen Stromstärke nicht stand und schmolz durch. Niemand kam zu Schaden, aber der LHC wurde massiv beschädigt und es dauerte mehr als ein Jahr, bis schließlich im November 2009 der Betrieb wieder aufgenommen werden konnte.

In den Untersuchungen zum Unfall stellten sich die Kabelverbindungen als eine potenzielle Schwachstelle heraus. Es hätte weit mehr als nur ein Jahr gedauert, um alle Verbindungen zu überprüfen und zu reparieren oder gar zu erneuern. Deswegen beschloss das CERN-Management, den LHC zunächst nur mit halber Energie zu betreiben, um die Verbindungen nicht zu sehr zu belasten.

Aber auch die halbe Energie reichte aus, um am 4. Juli 2012 die Entdeckung eines neuen Elementarteilchens mit den beiden großen Teilchendetektoren ATLAS und CMS zu verkünden. Und der LHC lief weiter. Im März 2013 waren sich die Physiker von ATLAS und CMS schließlich sicher, dass es sich bei dem neu entdeckten Teilchen in der Tat um das lange gesuchte Higgs-Teilchen handelt.

Vor über 50 Jahren, im Jahr 1964, veröffentlichten neben anderen die theoretischen Physiker Robert Brout, François Englert und Peter Higgs Ideen zur Frage, wie Elementarteilchen Masse erhalten können, also schwer werden. Eine Konsequenz aus ihren Theorien ist die Existenz eines neuen Teilchens, des Higgs-Teilchens, benannt nach Peter Higgs. Lange wurde dieses Teilchen an verschiedenen Teilchenbeschleunigern und Detektoren weltweit gesucht, bis die Physiker letztlich am LHC fündig wurden. Brout war bereits 2011 verstorben und konnte den Triumph nicht mehr erleben, Englert und Higgs aber erhielten im Herbst 2013 den Physiknobelpreis unter großem Jubel und Anteilnahme der beteiligten Physiker am CERN.

Aber dies ist nicht das Ende der Forschungen am LHC, sondern erst der Beginn. Das neuentdeckte Higgs-Teilchen muss vermessen, seine Eigenschaften bestimmt und mit den theoretischen Vorhersagen verglichen werden. Weitere neue Teilchen warten vielleicht nur darauf, in den nächsten Jahren gefunden zu werden und jedes neuentdeckte Teilchen könnte eine Revolution im Verständnis unserer Welt und des Universums auslösen.

Seit Anfang 2013 wurden der LHC und die Teilchendetektoren deswegen fit gemacht für die neuen Herausforderungen. In einer Pause von über zwei Jahren wurde sämtliche Schwachstellen der Kabelverbindungen beseitigt, neue Sicherheitssysteme eingebaut und die Detektoren verbessert, um mit jetzt höherer Energie noch mehr Geheimnisse der Natur zu enträtseln.

Wie schon mehr als fünf Jahre zuvor wurden mit Spannung die ersten umlaufenden Teilchenstrahlen im März 2015 erwartet und der LHC wieder in Betrieb genommen. Schließlich, nach weiteren zwei Monaten waren die Beschleunigerphysiker soweit: Am 3. Juni 2015 erfolgten die ersten Kollisionen mit fast doppelt so hoher Energie wie bisher: 13 TeV, vergleichbar mit der Energie zweier zusammenstoßender Mücken, aber hochkonzentriert auf zwei winzige Teilchen und abermals ein neuer Weltrekord.

Die Weltmaschine läuft wieder! In den kommenden Monaten und Jahren werden die Teilchenphysiker noch intensiver als zuvor in ihre gesammelten Daten der unzähligen Kollisionen schauen, ob sich vielleicht Hinweise auf neue Teilchen und neue Phänomene jenseits des sogenannten Standardmodells finden.

Dieses *essential* ist Teil einer Reihe über den Neustart des LHC im Frühjahr 2015 und führt Sie zurück zu den Anfängen des CERN, eines der faszinierendsten Forschungszentren überhaupt, seiner Geschichte, seiner Menschen und seiner Beschleuniger. Sie werden die Funktionsweise von Teilchenbeschleunigern kennenlernen und wie ausgehend von den ersten Ideen schließlich der LHC gebaut wurde, die heutige Weltmaschine.

In weiteren *essentials* dieser Reihe erfahren Sie mehr über die Experimente und Detektoren am LHC, die Entdeckung des Higgs-Teilchens, den aktuellen Neustart und der Theorie hinter dem Higgs und des Standardmodells, sowie den theoretischen Ansätzen über das Standardmodell hinaus.

CERN, Genf, Februar 2016   Michael Hauschild

Inhaltsverzeichnis

CERN – das Labor 1

1.1 Die Anfänge

Das Europäische Forschungszentrum für Teilchenphysik CERN ist ein einzigartiger Platz im Wissenschaftsuniversum.

CERN wurde vor mehr als 60 Jahren Anfang der 1950er Jahre gegründet. Europa lag damals, unmittelbar nach dem Zweiten Weltkrieg, in Trümmern. In den Jahren zuvor waren bereits viele Spitzenforscher aller Disziplinen und aus ganz Europa in die USA emigriert. Der Schwerpunkt der wissenschaftlichen Forschung hatte sich von Europa auf den amerikanischen Kontinent verlagert.

Den wenigen Wissenschaftlern, die geblieben waren, war klar, dass kein einzelnes Land in Europa in der Lage war, ein großes konkurrenzfähiges Labor für Grundlagenforschung alleine aufzubauen. Eine Handvoll von Visionären dachte daher an ein Europäisches Forschungszentrum, das nicht nur die Kosten für die einzelnen Länder reduzieren würde, sondern auch Wissenschaftler aus europäischen Ländern zusammenführen würde, die sich wenige Jahre zuvor noch feindlich gegenüber standen.

„Wissenschaft für den Frieden", das war ein entscheidender Gedanke bei der Entstehung von CERN. Geburtshelfer waren der französische Physiker Louis de Broglie (1892–1987) und der Amerikaner Isidor Rabi (1898–1988), polnisch-jüdischer Abstammung, der im Alter von vier Jahren mit seinen Eltern in die USA emigrierte. Aufgrund der Vorschläge beider Nobelpreisträger wurde auf einer Konferenz der UNESCO, der Organisation der Vereinten Nationen für Erziehung, Wissenschaft und Kultur im Dezember 1951 in Paris die Gründung eines Europäischen Rates für Kernforschung beschlossen, des *Conseil Européen pour la Recherche Nucléaire*, aus dessen Anfangsbuchstaben sich die Abkürzung **CERN** ableitet.

© Springer Fachmedien Wiesbaden 2016
M. Hauschild, *Neustart des LHC: CERN und die Beschleuniger*,
essentials, DOI 10.1007/978-3-658-13479-2_1

Unter mehreren Vorschlägen, unter anderem Paris, Kopenhagen und Arnheim, wurde schließlich Genf als zukünftiger Standort des CERN bestimmt. Ein neutraler Staat wie die Schweiz mit Genf als Sitz bereits vieler internationaler Organisationen hatte eindeutig Vorteile gegenüber den anderen Vorschlägen und dazu noch ein günstiges Grundstück, das sich für den Bau eines großen Forschungszentrums eignete. Nichtsdestotrotz entstand in der Genfer Bevölkerung auch Widerstand gegen eine Organisation, die sich mit Kernforschung beschäftigen sollte, mit Befürchtungen, dass man dort Kernwaffen entwickeln würde.

Anfang der 1950er Jahre gab es den Begriff „Elementarteilchenphysik" noch nicht, der Forschungsbereich, der für die Grundlagenforschung von CERN steht. Alles war nuklear, obwohl es bei CERN nicht um die Atomkerne, sondern viel grundlegender um die kleinsten Bausteine der Materie geht, den Elementarteilchen eben. Erst später wurde der Begriff Elementarteilchenphysik geprägt, aber CERN hat das N für *Nucléaire* in seinem Namen behalten, was oft zu Missverständnissen führt, auch damals in der Genfer Bevölkerung. Eine Initiative gegen CERN entstand mit dem Ziel, durch eine Volksabstimmung die Ansiedlung des CERN in Genf zu verhindern. Glücklicherweise konnten sich die Befürworter im Juni 1953 mit über Zweidrittelmehrheit durchsetzen und der Standort Genf war gesichert (siehe Abb. 1.1).

Zunächst zwölf europäische Länder unterzeichneten die Gründungsurkunde am 1. Juni 1953 in Paris, in der als oberste Ziele festgelegt wurden, dass CERN sich mit der Zusammenarbeit auf dem Gebiet der rein wissenschaftlichen und *[damals]* grundlegenden Kernforschung befasst, keine Arbeiten für militärische Zwecke betreibt und die Ergebnisse der experimentellen und theoretischen Arbeiten veröffentlicht oder anderweitig zugänglich gemacht werden müssen. Von vorne herein wurde der zivile und offene Charakter von CERN betont und festgeschrieben, kurz nach dem zweiten Weltkrieg ein wesentlicher Aspekt, der es damit auch West-Deutschland ermöglichte, zum ersten Mal nach dem Krieg als vollwertiges Mitglied und gleichberechtigt zu anderen Ländern einer internationalen Organisation beizutreten.

Im darauffolgenden Jahr ratifizierten immer mehr Länder die CERN *convention,* die „Verfassung" von CERN und am 29. September 1954 war es schließlich soweit: Eine ausreichende Anzahl von Ländern hatte die *convention* unterschrieben und CERN war offiziell gegründet. Inzwischen hat CERN 21 Mitgliedsländer, zuletzt kam Israel Anfang 2014 als erstes Land außerhalb Europas hinzu, nachdem einige Jahre zuvor beschlossen wurde, dass die geografische Ausdehnung nicht auf

Sur le terrain du futur institut nucléaire

Sous la conduite de M. A. Picot, les membres du Conseil européen pour la
recherche nucléaire se sont rendus hier à Meyrin pour reconnaître le
terrain où s'élèvera le Centre nucléaire (voir en Dernière heure)
(Photo Freddy Bertrand, Genève)

La Suisse du 30 octobre 1953

Abb. 1.1 Begehung des zukünftigen CERN-Standorts in Meyrin nahe Genf durch die Mitglieder des CERN-Council. (La Suisse, 30. Oktober 1953, © 1953 CERN)

Europa beschränkt sein muss. Aus CERN's **E** für Europa wurde *Everywhere,* oder „Egal wo".

1.2 Die Organisation

Oberstes Entscheidungsgremium des CERN ist das *Council,* der CERN-Rat oder Aufsichtsrat, in den jedes Mitgliedsland zwei Vertreter entsendet. Sehr häufig stammt einer von beiden aus der Wissenschaftsgemeinschaft des jeweiligen Landes, während der andere die Geldgeber vertritt, die den CERN finanzieren.

Das Jahresbudget des CERN beträgt etwa 1,25 Mrd. Schweizer Franken oder knapp 1,15 Mrd. EUR (Stand: Anfang 2016), dies entspricht dem Etat einer großen deutschen Universität wie der Technischen Universität München

mit 38.000 Studenten. Das Budget wird dabei von allen Mitgliedsländern antei-
lig nach ihrem Bruttosozialprodukt aufgebracht, wobei Deutschland mit gut 20 %
den größten Anteil hat, Bulgarien als kleinstes Land dagegen nur gerade bei einem
Anteil von 0,3 % liegt. Trotzdem hat jedes Land die gleiche Stimme im *Council*,
nur bei bestimmten finanziellen Entscheidungen zählt der Budgetanteil der Länder.
Chef des CERN ist der Generaldirektor, der für fünf Jahre vom *Council* gewählt
wird. In der über 60-jährigen Geschichte des CERN gab es unter 14 Generaldirektoren nur zwei, deren Amtszeit verlängert wurde und die gleichzeitig auch die beiden
einzigen deutschen Generaldirektoren sind: Herwig Schopper von 1981 bis 1988
und Rolf Heuer von 2009 bis 2015. Ab 2016 wurde die Führung des CERN zum
ersten Mal einer Frau überlassen, der Italienerin Fabiola Gianotti, die vier Jahre
lang bis Anfang 2013 Chefin des ATLAS Experiments am LHC war.

1.3   Ein Zentrum der Wissenschaft und Technologie

Teilchenphysik braucht große Anlagen, große Beschleuniger und Detektoren und
so besteht Arbeitsteilung unter den Teilchenphysikern, den Instituten, Universitäten
und Forschungszentren. Die Rolle des CERN als weltgrößtem Zentrum für die
Erforschung der Teilchenphysik ist dabei die eines, modern gesagt, Infrastruktur-
Providers: Die Mitarbeiter des CERN kümmern sich hauptsächlich um die Planung,
die Entwicklung, den Bau und den Betrieb von großen Beschleunigeranlagen, wie
dem LHC. In der Mehrheit sind dies Ingenieure und Techniker und es mag auf
den ersten Blick verwundern, dass nur 10–15 % aller CERN-Mitarbeiter tatsächlich
Physiker sind.

Die eigentliche Forschung am CERN ist hauptsächlich Aufgabe der Gastwissenschaftler, die aus Universitäten und Forschungszentren in mehr als 60 Ländern
kommen. Die Nationalitäten der Gastwissenschaftler sind noch vielfältiger, mit
etwa hundert Nationalitäten sind mehr als die halben Vereinten Nationen am CERN
versammelt. Obwohl die Beziehungen zwischen manchen Ländern problematisch
sein können, funktioniert die Zusammenarbeit der Menschen am CERN sehr gut,
wie viele Beispiele zeigen. Studenten aus Israel und den Palästinensischen Au-
tonomiegebieten verfolgen gemeinsam die Vorträge und Vorlesungen des CERN-
Sommerstudentenprogramms und arbeiten gemeinsam an einem Projekt. „Wissenschaft für den Frieden", das Leitbild des CERN aus den Gründertagen funktioniert
auch heute.

Die Gastwissenschaftler planen, entwickeln, bauen und betreiben die Teilchendetektoren, die die Ergebnisse der Teilchenkollisionen im LHC aufzeichnen. Sie sind
es, die die Daten mehrheitlich auswerten und schließlich die Ergebnisse veröffent-
lichen. Schnittstelle zwischen Gastwissenschaftlern und den CERN-Mitarbeitern

beim LHC ist der Kollisionspunkt. CERN ist beides: ein Technologielabor ersten Ranges, in dem Ingenieure und Techniker die Grenzen des technologisch Machbaren ausreizen, und ein wissenschaftliches Zentrum für Teilchenphysik der Weltklasse, in dem Gastwissenschaftler aus aller Welt mit immer feineren Methoden versuchen, die Grenzen des Wissens weiter voran zu treiben.

Die Gastwissenschaftler sind jung: Viele sind nicht etwa altgediente Post-Docs und Professoren, sondern es sind Doktoranden meist zwischen 25 und 30 Jahren, die die Kollisionsdaten auswerten, um eine Messung durchzuführen, nach neuen, von einer Theorie vorhergesagten Teilchen suchen oder einen neuen Teilchendetektor entwickeln, bauen oder testen.

1.4   Leben im CERN

Etwa ein Drittel der über 11.000 Gastwissenschaftler sind ständig am CERN und nur ab und zu an ihrem Heimatinstitut. Zusammen mit den 2500 CERN-Angestellten und weiteren 1000 bezahlten Mitarbeitern befinden sich damit täglich über 7000 Menschen auf dem CERN-Gelände.

CERN hat die Größe einer Kleinstadt mit einer Fläche von insgesamt $6\,\mathrm{km}^2$, verteilt auf zwei große Standorte in der Schweiz (siehe Abb. 1.2) und in Frankreich,

Abb. 1.2 Der Hauptstandort von CERN in Meyrin nahe Genf mit dem *Globe of Science and Innovation* (unten rechts), seit 2004 das Wahrzeichen des CERN. (© 2005 CERN)

acht Standorte entlang des LHC-Tunnels und weitere kleinere Standorte. Es gibt drei Kantinen, ein Dutzend Cafeterien, Kiosk, Postfiliale, Bank und Reisebüro, ein eigener Kindergarten mit Krippe sowie ein 600-Betten-Gästehaus für die Forscher aus den Instituten und Forschungszentren in aller Welt, falls die ihre Nächte nicht gerade im Labor oder vor dem Laptop verbringen.

Das Herz des CERN ist nicht etwa ein schmuckloser Kontrollraum oder eine fahle Maschinenhalle, sondern die Hauptkantine und Cafeteria, das *Restaurant 1*. Dies ist der Ort, an dem sich auch abends die Wissenschaftler treffen, um bei Bier und Wein den Tag ausklingen zu lassen, und sich dabei vielleicht Gedanken um die Physik, den nächsten Detektor oder das gerade aktuelle Problem machen. Bei schönem und klarem Wetter bietet die Terrasse des *Restaurant 1* einen wundervollen Ausblick auf den 80 km entfernten Mont Blanc, mit 4810 m der höchste Berg der Alpen (siehe Abb. 1.3). Genf ist die Stadt des Mont Blanc und auch nach vielen Jahren am CERN rundet ein Blick auf seinen weithin sichtbaren Gipfel den Tag ab.

Abb. 1.3 Die Genfer Region mit Genfer See und den Alpen mit dem Mont Blanc im Zentrum, sowie dem Verlauf des LHC-Beschleunigers mit den Standorten der Experimente. (© 2008 CERN, License: CC-BY-SA-4.0)

Wenn Wissenschaftler am CERN miteinander reden und diskutieren wollen, heißt es meistens: Treffen wir uns auf einen Kaffee? Unzählige Telefon- und Video-Meetings, die jeden Tag am CERN abgehalten werden, können den persönlichen Kontakt nicht ersetzen. Wissenschaftler, die es nach längerer Zeit wieder zum CERN führt, brauchen meist nur eine schnelle Runde durch das *Restaurant 1* zu machen, um Kollegen zu treffen und nach kurzer Zeit zu wissen, was am CERN gerade läuft, wichtig ist und um die neuesten Gerüchte zu erfahren.

Besucher am CERN, und davon gibt es viele, sind sich meist nicht bewusst, dass vielleicht gerade ein Nobelpreisträger an ihnen vorbei ging oder sie dem Generaldirektor auf dem Weg zum Mittagessen mit dem nächsten VIP begegnen. Mit mehr als 200 VIP-Besuchern pro Jahr gibt es fast jeden Tag einen Minister, Regierungs- oder Staatschef und andere Prominenz, die die Anlagen des CERN besichtigen, Abkommen unterschreiben oder Gespräche über neue Kooperationen führen. Im *Restaurant 1* begegnen sich alle, von den Kindern aus dem CERN-eigenen Kindergarten, die überall herumwuseln, über viele junge Doktoranden und Gastwissenschaftler bis hin zu den CERN-Angestellten und Wissenschaftsrentnern, die nach wie vor am aktuellen Geschehen teilhaben.

Da gibt es Jack Steinberger, Jahrgang 1921, ältester Gastwissenschaftler am CERN und Nobelpreisträger des Jahres 1988, der bis vor wenigen Jahren noch fast jeden Tag mit dem Fahrrad zum CERN fuhr, jetzt aber die Straßenbahn bevorzugt. Oder die beiden Fidecaros, Giuseppe and Maria, die als junge Wissenschaftler kurz nach Gründung des CERN kamen, hier 1955 heirateten und immer noch fast jeden Tag im *Restaurant 1* zu sehen sind. Oder Herwig Schopper, Jahrgang 1924, langjähriger Generaldirektor des CERN in den 1980er Jahren, in denen die Anfänge des heutigen LHC liegen, als der 27 km lange Tunnel gebohrt wurde, der jetzt den LHC-Beschleuniger beherbergt.

In jener Zeit gab es im *Restaurant 1* Essenstabletts mit weißen Papierdeckchen. Sehr praktisch! So hatte man immer ein Stück Papier zur Hand, auf dem man die neuesten und manchmal wirrsten Ideen seinen Kollegen und Freunden skizzieren konnte, wenn es beim Essen oder Kaffee um Physik, Detektoren und Beschleuniger ging. Und eigentlich geht es immer um Physik, Detektoren und Beschleuniger, wenn man seine Kollegen trifft. Unzählige Ideen landeten auf den Deckchen. Da wurden mit wenigen Strichen neue Experimente konzipiert, eine schnell gemalte Formel diente zur Abschätzung von Wahrscheinlichkeiten und ein hastig gezeichnetes Diagramm mit einigen Linien oder Kästchen veranschaulichte die erwarteten Ergebnisse. Wie viele bekritzelte Papierdeckchen mag es gebraucht haben, bis damals die ersten Ideen zum Large Hadron Collider und den Experimenten dazu schließlich konkrete Formen annahmen? Heute gibt es keine Papierdeckchen mehr, sehr schade! Im Zeitalter des Internets scharen sich die Wissenschaftler stattdessen um ihre Laptops oder Tablets und diskutieren über neueste Diagramme und Veröffentlichungen. Man spricht *CERNisch*! Zwar sind Englisch und Französisch die offiziellen Sprachen des CERN, aber die englischen und französischen Muttersprachler sind dabei in der Minderheit. So hört man ein ständiges Sprachgemisch aus Englisch, Französisch und unzähligen anderen Sprachen verschiedenster Akzente oder auch Körpersprache, wenn nötig, *CERNisch* eben. Hauptsache, man versteht sich. Englisch ist dabei die Sprache der Wissenschaftler, während beim technischen Personal und in der Verwaltung eher das Französische dominiert. Auch in den Restaurants, Cafeterien und im täglichen Leben wird klar, dass man sich in einer französischsprachigen Umgebung befindet.

Die CERN-Beschleuniger

2

Der heutige Hauptstandort in Meyrin am Rande von Genf lag ursprünglich auf einem nur landwirtschaftlich genutzten Gelände unmittelbar an der Grenze zu Frankreich. In frühen Fotos aus den Gründerjahren bilden Kühe, Weiden und Felder die reizvollen Motive neben den Kommissionsmitgliedern zur Begutachtung des Standorts und des Baufortschritts. Wo heute die Straßenbahn aus Richtung Genf endet, gab es noch keine asphaltierten Straßen. Der Schwertransport der großen Magnetteile des ersten Beschleunigers am CERN, des Synchrozyklotrons (SC), musste über Schotterwege und durch die enge Ortsdurchfahrt von Meyrin erfolgen, mit nur wenigen Zentimetern Abstand zu den Häuserwänden (siehe Abb. 2.1).

CERN lebt von seinen Teilchenbeschleunigern. Das Synchrozyklotron mit einer Energie[1] von 600 MeV wurde im Jahr 1957 als erster Beschleuniger in Betrieb genommen und erst Anfang der 1990er Jahre stillgelegt. Nach einer jahrelangen Abkühlphase zum Abklingen der durch den Betrieb entstandenen Radioaktivität wurde das Synchrozyklotron rechtzeitig zur 60-Jahr-Feier des CERN 2014 der Öffentlichkeit zugänglich gemacht. Eine aufwändige und beeindruckende Audio-Video-Show führt den Besucher in die Zeit der Anfänge des CERN zurück und erweckt den Beschleuniger wieder zu neuem virtuellen Leben.

Der Methusalem unter den Beschleunigern ist das Proton Synchrotron (PS), der zweite Beschleuniger des CERN, gleichzeitig mit dem Synchrozyklotron konzipiert und zwei Jahre später, am 24. November 1959 in Betrieb genommen. Mit einer

---

[1] Auch wenn meist von Teilchenbeschleunigern und beschleunigten Teilchen gesprochen wird, ist weniger die Geschwindigkeit, sondern viel mehr die (kinetische) Energie der Teilchen entscheidend. Aus praktischen Gründen wird die Energie dabei in der Einheit Elektronenvolt eV angegeben. 1 eV entspricht der Energie eines Elektrons oder Protons, das durch eine elektrische Spannung von 1 V beschleunigt wurde. Größere Einheiten sind MeV (1 Mio. = 10^6 eV), GeV (1 Mrd. = 10^9 eV), TeV (1 Billion = 10^{12} eV). Mehr zur Beschleunigung von Teilchen findet sich im Kap. 5 über Teilchenbeschleuniger.

© Springer Fachmedien Wiesbaden 2016
M. Hauschild, *Neustart des LHC: CERN und die Beschleuniger,*
essentials, DOI 10.1007/978-3-658-13479-2_2

Abb. 2.1 Transport einer Magnetspule des Synchrozyklotrons durch die Straßen von Meyrin.
(© 1956 CERN)

maximalen Energie von 28 GeV holte das Proton Synchrotron für kurze Zeit auch
gleich den Weltrekord für die höchste erreichte Energie von den USA nach Europa.
Auch nach mehr als 56 Jahren gehört das Proton Synchrotron noch lange nicht zum
wahrhaftigen alten Eisen, sondern ist schlicht **das** Arbeitspferd des CERN, ohne
das auch der Betrieb des LHC nicht möglich wäre. Beschleuniger am CERN sind
sehr langlebig und werden vielseitig verwendet.

Die vorletzte Stufe des heutigen CERN-Beschleunigerkomplexes (siehe Abb. 2.2)
bildet das 1976 in Betrieb genommene Super Proton Synchrotron (SPS) mit einer
Energie von bis zu 450 GeV, der erste CERN-Beschleuniger, der aufgrund seiner
Größe von fast 7 km Umfang außerhalb des CERN-Geländes gebaut werden musste.

Die Beschleunigerkette des CERN endet derzeit beim LHC: Über insgesamt
vier Vorbeschleuniger, mit dem PS und dem SPS als den beiden letzten Stufen
erlangen die Protonen mehr und mehr Energie, bis sie schließlich in die letzte
Stufe, den LHC eingeschossen werden. Dabei kann man den LHC mit einem auf
Höchstgeschwindigkeit getrimmten Sportwagen vergleichen, der aber leider nur mit
einem fünften Gang und ohne Anlasser daherkommt. Bevor der Motor anspringt,
muss durch vierstufiges Anschieben zunächst eine gewisse Mindestgeschwindigkeit
erreicht werden, erst dann können Sportwagen und auch der LHC losjagen.

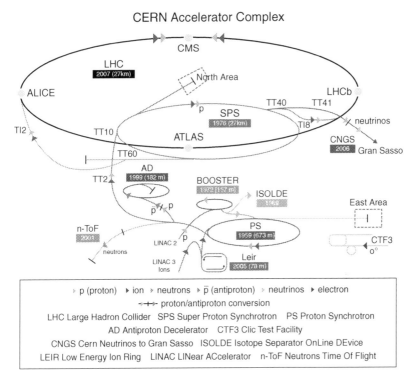

Abb. 2.2 Der CERN-Beschleunigerkomplex mit dem LHC und den Vorbeschleunigern und Transferlinien (nicht maßstabsgerecht). Die gesamte Tunnellänge beträgt knapp 50 km. (© 2013 CERN)

2.1 Die Quelle der Protonen

Am Anfang ist der Wasserstoff! Alle Protonen, die letztlich im LHC mit höchsten Energien kollidieren, entstammen einer gewöhnlichen Wasserstoffgasflasche. Wasserstoff mit einem einzelnen Proton als Kern und einem Elektron als Hülle lässt sich in einer Gasentladung leicht ionisieren. Ein elektrisches Feld trennt die negativ geladenen Elektronen von den positiv geladenen Protonen, die dann auf die Reise durch den CERN-Beschleunigerkomplex geschickt werden.

Es braucht dabei nicht viel Wasserstoff, um den LHC zu versorgen. Eine Standardgasflasche enthält etwa 4 kg Wasserstoff mit etwa $2,4 \times 10^{27}$ Atomen. Um den

LHC zu befüllen, sind davon nur 6×10^{14} Protonen oder gleich viele Wasserstoff-atome nötig, sodass die Flasche für 4 Billionen Füllungen oder länger als das Alter der Erde reichen würde. Deutlich mehr Protonen werden für die anderen Anlagen und Experimente am CERN benötigt. Bei einem Gesamtverbrauch von 2×10^{20} Protonen pro Jahr mit einem Gewicht von nur 0,27 mg ist allerdings kein Engpass in der Protonenversorgung zu befürchten.

Die erste große Erweiterung der CERN-Beschleuniger stand am Ende der 1960er Jahre bevor, als das ein Jahrzehnt zuvor in Betrieb genommene Proton Synchrotron nicht mehr ausreichend war für neue Fragestellungen, die höhere Energien erfor-derten. Ein stärkerer Beschleuniger musste her, mit dem man Neuland betrat, denn die Intersecting Storage Rings (ISR) waren der erste Protonen-Speicherring, in dem wie später beim LHC die Teilchen mit hoher Energie stundenlang kreisen und dabei an verschiedenen Stellen entlang des Rings kollidierten.

Bis dahin wurden sämtliche Beschleuniger im sogenannten „*fixed target*" Mode betrieben. Der auf hohe Energie gebrachte Teilchenstrahl wird aus dem Beschleuni-ger ausgelenkt und auf ein Target, meist Metalle wie Beryllium, Blei oder Wolfram, geschossen. Bei Auftreffen des Teilchenstrahls auf das Targetmaterial finden darin zahlreiche Kernwechselwirkungen statt und es entstehen viele sekundäre Teilchen aller Art, die aus dem Target austreten. Magnetsysteme und Lochblenden, soge-nannte Kollimatoren, sorgen dafür, dass je nach Anforderung die entsprechende Teilchensorte mit der gewünschten Energie und Intensität nach dem Target aussor-tiert wird und die sekundären Teilchen auf die Experimente mit ihren Detektoren gelenkt werden. Das Hochbeschleunigen und Auslenken der Protonen auf ein Target dauert dabei nur wenige Sekunden und wird ständig wiederholt.

Ein entscheidender Nachteil der Targetmethode ist jedoch, dass die volle Energie der Protonen bei der Kollision mit dem ruhenden Targetmaterial gar nicht zur Ver-fügung steht. Beim Auffahrunfall eines schnellen Autos auf ein stehendes Fahrzeug wird zwar einiges an Blechschaden entstehen, aber die meiste Energie des auffah-renden Wagens wird dazu verwendet, um den stehenden Wagen beim Unfall nach vorne zu bewegen. Sehr viel zerstörerischer ist der direkte Zusammenstoß eines Fahrzeuges mit dem Gegenverkehr. Hier wird die gesamte Bewegungsenergie der beiden Fahrzeuge unmittelbar frei, zum erheblichen Nachteil für die Insassen. Phy-sikalisch gesehen bewegt sich bei einem Auffahrunfall der Schwerpunkt der beiden Fahrzeuge vor dem Zusammenstoß und muss sich auch nach dem Zusammenstoß weiter bewegen. Beim Frontalzusammenstoß dagegen ruht der Schwerpunkt vor und nach der Kollision und die gesamte Bewegungsenergie der beiden Fahrzeuge steht zur Verfügung.

Deswegen beträgt bei einer Strahlenergie von 28 GeV die verwertbare Energie[2] bei der Targetmethode lediglich 7,25 GeV, und damit gerade einmal 25 %. In den Intersecting Storage Rings sollten deswegen in zwei Ringen von je 300 m Durchmesser Protonen mit jeweils 31 GeV frontal kollidieren, um die gesamte Bewegungsenergie von $2 \times 31\,\text{GeV} = 62\,\text{GeV}$ auszunutzen. Für die gleiche Energie mit der konventionellen Targetmethode wäre ein Teilchenstrahl mit 2000 GeV nötig, erzeugt von einem Beschleuniger mit über 20 km Durchmesser. Es war klar, dass die Zukunft bei den sogenannten Collidern und ihren frontal miteinander kollidierenden Strahlen liegen würde.

Trotz der noch moderaten Größe des ISR gab es nun ein Platzproblem. Das ursprüngliche CERN-Gelände, unmittelbar an der französischen Grenze gelegen, war zu klein für einen weiteren Beschleuniger und musste vergrößert werden. Die einzige Erweiterungsmöglichkeit war jedoch in Richtung Frankreich, im Zeitalter der noch nicht ganz so durchlässigen Grenzen in Europa ein durchaus politisches und nicht einfaches Unterfangen. Nach vielen Debatten und Diskussionen auf Regierungsebene gab es jedoch letztendlich grünes Licht, die neuen Intersecting Storage Rings auf französischem Boden zu bauen, sodass die Vorbeschleuniger mit dem Proton Synchrotron auf Schweizer Territorium die Protonen über die Grenze zum ISR schicken mussten. Zum ersten Mal gab es einen grenzüberschreitenden Teilchenstrom.

Auch die Menschen innerhalb des CERN wurden nun zu ständigen Grenzgängern. Mitten durch das nun vergrößerte CERN-Hauptgelände zieht sich seitdem die französisch-schweizerische Grenze, ohne dass sie allerdings bewusst wahrgenommen wird. Nur kleine Besonderheiten weisen darauf hin. So stehen auf dem CERN-Gelände nach wie vor die Grenzsteine, die seit der Aufnahme des Kantons Genf in die Schweizer Eidgenossenschaft im Jahr 1815 die Grenze zu Frankreich markieren. Auch darf kein oberirdisches Gebäude direkt auf der Grenze errichtet werden und innerhalb des CERN gilt je nach Territorium unterschiedliches Arbeitsrecht für die Angestellten der vielen externen Firmen, die zahlreiche Arbeiten ausführen.

Die Erweiterung des CERN-Geländes machte auch ein weiteres Restaurant notwendig, das nach seinem ersten Pächter über viele Jahre nur *Tortella* genannt wurde. Da das Gebäude des neuen *Restaurant 2* auch eine Bank und eine Schweizer Poststelle erhalten sollte, musste es aus diesem Grund auf dem allerletzten Zipfel Schweizer Boden unmittelbar an Grenze zu Frankreich errichtet werden. Dabei

---

[2]Die verwertbare Energie E_{CM} beim Auftreffen eines Protons des PS auf ein ruhendes Proton im Target berechnet sich näherungsweise als $E_{CM} = \sqrt{2 \times m_p \times E} = 7{,}25\,\text{GeV}$, mit der Protonmasse $m_p = 0{,}938\,\text{GeV}$ und $E = 28\,\text{GeV}$.

steht es recht idyllisch direkt neben den angrenzenden Weinbergen, sodass man den Winzern manchmal auch unmittelbar bei der Ernte zuschauen kann.

2.2   Der erste Collider – die Intersecting Storage Rings ISR

Als im März 1971 weltweit zum ersten Mal zwei Protonen im ISR miteinander kollidierten, brach ein neues Zeitalter im Bestreben nach immer höheren Kollisionsenergien an. Aber Energie ist nicht alles, es muss auch genügend viele Kollisionen geben, damit auch seltene Prozesse gefunden und vermessen werden können. Gerade die interessanten, neuen und noch zu entdeckenden Phänomene treten meist nur selten auf und müssen aus einer Masse von uninteressanten, weil bekannten Kollisionen herausgefiltert werden, dies ist beim LHC nicht anders.

Bei der herkömmlichen Targetmethode war es nicht schwer, ausreichend viele Kollisionen zu produzieren, oft sogar mehr als die nachfolgenden Teilchendetektoren verarbeiten und aufzeichnen konnten. Bei entsprechend dickem Targetmaterial reichte auch ein mäßig intensiver Teilchenstrahl, um genügend hohe Teilchenströme zu erzeugen. Die Anforderungen an einen Collider sind dagegen viel höher. Technisch bedingt sind dort die Teilchen in Bündeln gruppiert, die nur einige Zentimeter lang sind. Diese Strahlbündel kreuzen sich nur an den Stellen, an denen sich Teilchendetektoren befinden, um die möglichen Kollisionsprodukte aufzuzeichnen. Die allermeisten Protonen kollidieren dabei allerdings gar nicht und fliegen unbeeinflusst aneinander vorbei, stehen dafür aber nach einem weiteren Umlauf wieder für eine mögliche Kollision zur Verfügung. Da die Strahlen über Stunden kreisen und gespeichert bleiben, ist ein Collider damit gleichzeitig auch ein Speicherring (engl. *storage ring*).

Um die Kollisionswahrscheinlichkeit insgesamt zu steigern, müssen möglichst viele Protonen in möglichst vielen Teilchenbündeln kreisen, die sich mit möglichst kleinem Durchmesser, also hoher Teilchendichte am Kollisionspunkt kreuzen. Nur dann steigt die Chance auf einige wenige Kollisionen. Im LHC sind es pro Stahl über 2800 Teilchenbündel mit jeweils 10^{11} Protonen, von denen etwa 20 bei jeder Strahlkreuzung kollidieren[3]. Collider konnten nur dann erfolgreich werden, wenn alle diese Bedingungen erfüllt wurden und ausreichend viele Kollisionen zur Verfügung gestellt werden konnten.

In der Tat lag eine Hauptschwierigkeit des ISR in den ersten Jahren darin, genügend viele Kollisionen zu produzieren. Es war von vorne herein klar, dass in Speicherringen ein sehr gutes Vakuum herrschen musste, wenn die Strah-

---

[3]Siehe auch Designparameter des LHC im Anhang.

len darin über viele Stunden zirkulieren und sich immer wieder kreuzen sollten, ohne zuvor mit einem der verbleibenden wenigen Gasmoleküle zusammenzustoßen. Schätzungen ergaben, dass das Vakuum etwa tausend Mal besser sein musste als bei konventionellen Beschleunigern. Im LHC herrscht ein Druck von nur 10^{-10} mbar, entsprechend 3 Mio. Molekülen pro cm^3 oder zehnmal besser als das Vakuum auf der Mondoberfläche während eines Mondtages.

Trotz eines aufwändigen Vakuumsystems blieb im ISR die Qualität des Vakuums anfangs jedoch unter den Erwartungen, da sich ein zuvor unbekanntes Phänomen einstellte: War das Vakuum zunächst ohne zirkulierende Protonen ausreichend (statisches Vakuum), wurde es im Betrieb mit zunehmender Anzahl von Protonen immer schlechter (dynamisches Vakuum). Dies beschränkte die maximale Anzahl von Protonen und Kollisionen erheblich, sodass die Experimente sehr viel weniger Daten erhielten als erwartet.

Es dauerte mehrere Jahre, bis das Problem erkannt und behoben wurde. Wie sich herausstellte, wurden die Wände des Strahlrohrs während des Betriebs mit Ionen bombardiert, die aus Kollisionen der Protonen mit Restgasmolekülen stammen. Die hochenergetischen Ionen schlagen dann weitere Gasmoleküle aus den Wänden heraus, wodurch noch mehr Ionen entstehen. Ein Lawineneffekt setzt ein, der zu einer dramatischen Verschlechterung des Vakuums führt und damit die maximale Anzahl der Protonen beschränkt. Erst nach dem Einbau von 500 speziellen Pumpen konnte das Vakuum nach einigen Jahren deutlich verbessert werden, sodass zusammen mit einer verstärkten Fokussierung an den Kollisionspunkten schließlich die erhoffte Kollisionsrate erzielt werden konnte.

Der ISR als erster Protonen-Speicherring und-Collider überhaupt war deswegen besonders in seinen Anfangsjahren mehr ein Trainingsfeld für Beschleunigerphysiker, Ingenieure und Techniker. Viele Erkenntnisse und Erfahrungen aus jener Zeit flossen jedoch in das Design von späteren Speicherringen und auch des LHC ein.

2.3   Unter die Erde – das SPS

Bei allen Vorteilen von Speicherringen zur Erzielung von hohen Kollisionsenergien waren nicht alle Teilchenphysiker in den 1960er und 1970er Jahren davon überzeugt, dass Speicherringe ein Schritt in die richtige Richtung seien. Die erwarteten Probleme schienen zu groß. Parallel zur Planung des ISR liefen deswegen auch Diskussionen zum Bau eines neuen, großen konventionellen Synchrotrons[4], das die etablierte Physikforschung am Proton Synchrotron in einen neuen Energiebereich

[4]Mehr zum Synchrotron im Abschn. 5.4 über Kreisbeschleuniger.

katapultieren sollte. Die Planungen sahen einen 300 GeV-Beschleuniger vor, mehr als die zehnfache Energie des Proton Synchrotrons und auch vom Durchmesser und Umfang zehnmal größer.

Solch eine große „Maschine", wie die Beschleuniger- und die Teilchenphysiker gerne ihre Beschleuniger nennen, passte ganz sicher nicht mehr auf das existierende CERN-Gelände, auch nicht mit den jüngsten Erweiterungen nach Frankreich. Viele Physiker glaubten daher, dass ein ganz neuer Standort mit einem neuen Labor erforderlich wäre, das nicht notwendigerweise nahe beim alten Labor in Genf liegen müsste. Plötzlich sahen die großen und auch einige kleinere Mitgliedsländer die Möglichkeit eines zweiten CERN in ihrem Heimatland. Innerhalb eines Jahres offerierten neun Länder 22 verschiedene Standorte für das prestigeträchtige und auch ökonomisch höchst interessante Projekt. Der alte Standort in Genf war scheinbar aus dem Rennen.

Die Entscheidungsfindung für einen neuen Standort zog sich hin und verzögerte das Projekt um Jahre, ohne dass sich eine Einigung, auch über die Finanzierung, abzeichnete. Jenseits des Atlantiks, in der Nähe von Chicago am Fermi National Accelerator Laboratory (Fermilab) war jedoch bereits ein Konkurrenzbeschleuniger mit sogar 400 GeV Energie im Bau und wie nach dem Zweiten Weltkrieg bestand erneut die Gefahr, dass Europa ins Hintertreffen geraten würde.

Anfang 1970 schien das 300 GeV-Projekt in einer ausweglosen Sackgasse, die erwarteten Kosten waren höher als die Mitgliedsländer tragen wollten und die Standortfrage war nach wie vor ungeklärt. Da erarbeitete John Adams (1920–1984), der frisch ernannte Projektleiter und spätere Generaldirektor des neuen zukünftigen 300 GeV-Labors, der bereits das Proton Synchrotron geplant und gebaut hatte, innerhalb von nur drei Monaten einen radikalen Plan: Wenn man die neue Maschine nicht an der Oberfläche bauen würde wie alle bisherigen Beschleuniger, sondern in einem Tunnel in 40 m Tiefe, könnte man das Synchrotron durchaus nahe CERN bauen. Die bereits existierenden Beschleuniger würde man als Vorbeschleuniger nutzen und könnte auf diese Weise Kosten sparen. Ein komplett neues Labor auf der grünen Wiese müsste stattdessen alle Vorbeschleuniger und die gesamte Infrastruktur vollkommen neu errichten.

Diese Kosteneinsparungen und die damit verbundene Standortwahl überzeugten den CERN-Rat und die Regierungen der Mitgliedsländer im Laufe des Jahres 1970 schließlich. Um der aufkommenden Konkurrenz in den USA besser zu begegnen, wurde sogar beschlossen, dass die Energie der zukünftigen Maschine ebenfalls 400 GeV betragen sollte.

Damit wurde zum ersten Mal ein Konzept am CERN verwirklicht, das sich auch bei allen späteren Beschleunigern wie dem LHC wiederfindet: Das Ausnutzen bereits existierender Beschleuniger und der Infrastruktur des Labors zur Vorbeschleunigung für die nächst größere Maschine. Heute dient die 400 GeV-Maschine, das Super Proton Synchrotron (SPS) als vierter und letzter Vorbeschleuniger, bevor die Protonen schließlich in den LHC eingeschossen werden. Die Energie des SPS konnte später sogar auf 450 GeV gesteigert werden, mehr als bei der Planung Anfang der 1970er Jahre erwartet.

Neben der Versorgung des LHC mit Protonen dienen die Vorbeschleuniger aber auch anderen, kleineren Experimenten außerhalb des LHC-Physikprogramms als Teilchenlieferanten. Im Laufe der Jahre zirkulierten dabei nicht nur Protonen im Beschleunigerkomplex, sondern sowohl leichte als auch schwere Atomkerne wie Sauerstoff, Schwefel und Blei, aber auch ganz leichte Teilchen wie Elektronen und ihre Partner aus Antimaterie, die Positronen.

Ein bisschen Physik – das Standardmodell 3

3.1   Quarks, Wellen und Teilchen

Die Zeit der SPS-Planung und des Baus in der ersten Hälfte der 1970er Jahre war ein überaus spannender Abschnitt in der Teilchenphysik. Gab es in den beiden Jahrzehnten zuvor dank stärkerer Beschleuniger immer mehr entdeckte Teilchen, die schließlich in die Hunderte gingen und einen wahren Teilchenzoo bildeten, existierten inzwischen Theorien, um Ordnung in die scheinbar chaotische Teilchenwelt zu bringen. Ähnlich wie das Periodensystem der Elemente die Grundlage der Chemie bildet, formte sich in jenen Jahren zunehmend, was wir heute unter dem Standardmodell der Teilchenphysik verstehen. Die beiden US-amerikanischen Theoriker Murray Gell-Mann und George Zweig, der damals am CERN arbeitete, postulierten unabhängig voneinander im Jahr 1964 ein Modell, nach dem sich fast alle damals bekannten Teilchen aus nur drei verschiedenen Grundbausteinen oder Elementarteilchen zusammensetzen ließen. Beim Namen für die drei Elementarteilchen ließ sich Gell-Mann inspirieren vom Roman *Finnegans Wake* von James Joyce, in dem es heißt: *three quarks for Muster Mark*. Fortan wurden die drei zunächst noch hypothetischen Elementarteilchen als Quarks bezeichnet.

Wir gehen davon aus, dass Quarks keinerlei Ausdehnung besitzen und quasi punktförmig sind. Die Protonen, die in den Beschleunigern auf immer höhere Energien und schließlich zur Kollision gebracht werden, sind nicht elementar, sondern bestehen in der Hauptsache aus drei punktförmigen Quarks. Trotzdem besitzen Quarks Eigenschaften wie Masse, Eigendrehimpuls (Spin) und elektrische Ladung. Es ist für uns nicht vorstellbar, dass ein Teilchen ohne jegliche Ausdehnung diese Eigenschaften besitzt, da es in unserer Anschauung keine vergleichbaren Objekte gibt. Wir müssen uns jedoch von der Vorstellung lösen, dass Elementarteilchen wie kleine Billardkugeln oder Bälle sind, die miteinander kollidieren und abgelenkt

© Springer Fachmedien Wiesbaden 2016   19
M. Hauschild, *Neustart des LHC: CERN und die Beschleuniger,*
essentials, DOI 10.1007/978-3-658-13479-2_3

werden. Elementarteilchen **sind keine** kleinen Kugeln in Miniaturgröße, sondern
etwas völlig anderes. Zur Erklärung und Deutung mancher Phänomene kann es
sehr nützlich sein, sich Elementarteilchen als kleine Kugeln vorzustellen, wir müssen aber immer im Hinterkopf behalten, dass es sich um Objekte mit bestimmten
Eigenschaften handelt, die wir gut mathematisch beschreiben können, die aber letztlich jenseits unserer Anschauung liegen. Auch Teilchenphysiker sind davon nicht
ausgenommen und wissen ebenso wenig, was ein Teilchen wirklich ist und wie es
„aussieht".

Das Dilemma fehlender Analogien aus der Alltagswelt gibt es in der Tat in
der modernen Physik schon seit über hundert Jahren. Im 19. Jahrhundert wurden
typische Welleneigenschaften wie Beugung, Interferenz und Polarisation beim Licht
entdeckt, sodass sich am Ende des Jahrhunderts die Vorstellung des Lichts als
Welle durchsetzte. Dann wurde jedoch der fotoelektrische Effekt gefunden, bei
dem Licht in der Lage ist, aus bestimmten Materialien Elektronen herauszulösen.
Auf dem Fotoeffekt basieren praktisch alle heutigen Fotosensoren, die wir auch in
jeder Kamera finden. Einstein deutete 1905 den fotoelektrischen Effekt so, dass
das Licht wie ein Teilchen mit bestimmter Energie in der Lage ist, Elektronen
aus Materie herauszuschlagen. Mehr noch, 1924 folgerte und postulierte Louis de
Broglie, der später zu den Initiatoren des CERN gehörte, dass umgekehrt auch Teilchen Wellencharakter zeigen mussten und eine „Materiewellenlänge" besitzen, die
De-Broglie-Wellenlänge[1], die kurz darauf bei Elektronen und später auch bei
anderen Teilchen nachgewiesen wurde. Der Welle-Teilchen-Dualismus war gebo-
ren. Jedes Objekt der mikroskopischen Quantenwelt kann sowohl Wellen- als auch
Teilcheneigenschaften zeigen.

Dieser jedoch nur scheinbare Widerspruch entsteht aber nur aufgrund der fehlenden Analogie zu Objekten aus unserer Alltagswelt: Wir kennen einfach nichts, das
Welle und Teilchen zugleich sein kann. Licht, Elektronen und andere Quantenob-
jekte sind nicht vergleichbar mit den uns bekannten Objekten unserer Vorstellungs-
welt, sodass ein Widerspruch in Wahrheit gar nicht existiert. Die Eigenschaft von

---

[1]Die De-Broglie-Wellenlänge λ hängt von Ruhemasse m und Geschwindigkeit v
eines Teilchens ab und ist umso kleiner, je kleiner die Ruhemasse und je größer der (relativistische) Impuls eines Teilchens ist: $\lambda = \frac{m}{p}$, mit m = Ruhemasse
und p = γmv = relativistischer Impuls mit γ = Lorentzfaktor. Elektronenmikroskope sind
neben anderen Effekten in der Auflösung beschränkt durch die Materiewellenlänge der Elektronen. Kleinere Objekte als die Materiewellenlänge können nicht mehr aufgelöst werden.
Daher muss für eine höhere Auflösung der Impuls oder die Energie der Elektronen möglichst
groß werden.

Teilchen, auch Wellencharakter zu zeigen, hat allerdings unmittelbare Konsequenzen für die Forschung. Um immer kleinere Strukturen der Materie aufzulösen, sind Teilchen mit immer kleineren Materiewellenlängen, also immer höheren Energien notwendig und damit immer stärkere und größere Beschleuniger mit steigenden Kosten.

3.2 Materieteilchen und Kraftteilchen

Letztlich ist jegliche Materie aus punktförmigen Elementarteilchen aufgebaut. Für die Protonen und Neutronen, welche die Atomkerne bilden, sind es sogar nur zwei der drei verschiedenen Quarks, die Gell-Mann und Zweig postulierten, die sogenannten Up- und Down-Quarks (Symbole u und d)[2]. Um den damals bekannten Teilchenzoo aus Quarks aufzubauen, war noch ein weiteres, drittes Quark erforderlich, das Strange-Quark genannt wurde, weil es in Teilchen mit scheinbar seltsam anmutenden Zerfällen vorkam.

Um all unsere bekannte Materie aufzubauen, reichen aber die Up- und Down-Quarks für die Atomkerne und für die Atomhülle die Elektronen, die ebenfalls elementar, also quasi punktförmig sind. Das ist alles! Unsere gesamte bekannte Welt, Galaxien und Sterne, die wir sehen, unser Sonnensystem, die Erde mit allem, was sich auf ihr befindet einschließlich uns selbst, besteht aus lediglich drei verschiedenen elementaren Teilchen[3] (siehe Abb. 3.1). Es wird klar, dass die Erforschung der Elementarteilchen eine ganz fundamentale Bedeutung hat.

Neben den Bausteinen der Materie ist aber ebenso wichtig, welche Kräfte die Materieteilchen zusammenhalten. Ohne dass Kräfte zwischen den Materieteilchen wirken, könnten sich keine Protonen und Neutronen bilden, keine Atomkerne oder Atome und die Materieteilchen würden ohne Bindung aneinander ziellos durch ein Universum ohne Kräfte fliegen. Kräfte können durch Kraftfelder übertragen werden:

---

[2]Protonen enthalten zwei Up-Quarks und ein Down-Quark *(uud)*, Neutronen ein Up-Quark und zwei Down-Quarks *(udd)*.

[3]Neben den drei Elementarteilchen, aus denen sich die gewöhnliche Materie in unserem Universum zusammensetzt, gibt es noch einen kleinen Anteil von Neutrinos und etwa fünfmal soviel sogenannte „Dunkle Materie", die nicht leuchtet und nicht direkt beobachtet werden kann. Diese besteht möglicherweise aus unbekannten andersartigen Elementarteilchen, die am LHC nach dem Neustart produziert werden könnten. Mehr dazu im *essential* „Neustart des LHC: die Experimente und das Higgs".

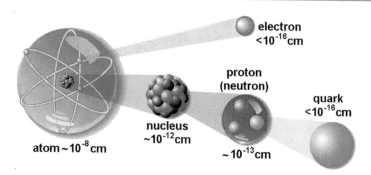

Abb. 3.1 Aufbau der Materie mit den Elektronen und Quarks als elementaren Teilchen, die kleiner sind als 10^{-16} cm (1/1000 eines Protons oder Neutrons) und deswegen als quasi punktförmig angesehen werden. (© University of Toronto)

Zwei entgegengesetzte elektrische Ladungen ziehen sich an, zwei gleichartige Ladungen stoßen sich ab und wir stellen uns dabei vor, dass sich die Feldlinien der elektrischen Felder abstoßen und verdrängen. Gleiches gilt für die Magnetfeldlinien, die sich sehr anschaulich schon im Physikunterricht vermitteln lassen, wo mit Hilfe von kleinen Eisenfeilspänen die Feldlinien sichtbar gemacht werden.

Es geht aber auch anders: In der Teilchenphysik ist alles Teilchen, und man darf sich nicht wundern, dass man sich die Übertragung von Kräften auch durch Teilchen vorstellen kann, durch Kraftteilchen eben. Wie kann das funktionieren? Teilchen, die Kräfte übertragen? Kraftteilchen? Dazu müssen wir nicht tief in die Quantenphysik blicken, Kraftübertragung durch Austausch von Teilchen funktioniert auch in unserer Alltagswelt (siehe Abb. 3.2).

Stellen Sie sich zwei Personen vor in zwei einander gegenüberliegenden Booten auf einem See. Die erste Person wirft nun einen Ball zur zweiten Person im anderen Boot, die diesen auffängt. Was passiert da? Durch den Rückstoß beim Abwurf des Balles bewegt sich die erste Person leicht in die entgegengesetzte Richtung. Die zweite Person fängt den Ball auf und bewegt sich dadurch ein wenig weiter in Flugrichtung des Balles. Beide Personen bewegen sich voneinander weg, durch Austausch des Balles werden abstoßende Kräfte übertragen. In der Welt der Elementarteilchen entsprechen den beiden Personen zwei Materieteilchen, die durch Austausch eines Kraftteilchens, des Balles, Kräfte übertragen. Die Kräfte in der Elementarteilchenwelt können sowohl abstoßend als auch anziehend sein, was mit

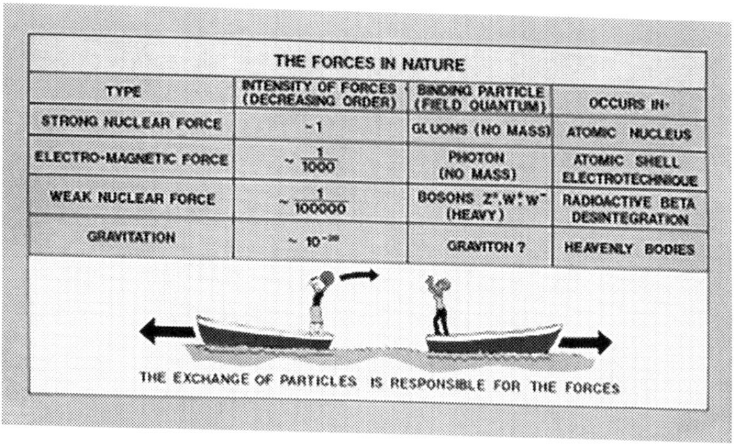

THE FORCES IN NATURE			
TYPE	INTENSITY OF FORCES (DECREASING ORDER)	BINDING PARTICLE (FIELD QUANTUM)	OCCURS IN:
STRONG NUCLEAR FORCE	~ 1	GLUONS (NO MASS)	ATOMIC NUCLEUS
ELECTRO-MAGNETIC FORCE	~ $\frac{1}{1000}$	PHOTON (NO MASS)	ATOMIC SHELL ELECTROTECHNIQUE
WEAK NUCLEAR FORCE	~ $\frac{1}{100000}$	BOSONS Z^0, W^+, W^- (HEAVY)	RADIOACTIVE BETA DESINTEGRATION
GRAVITATION	~ 10^{-39}	GRAVITON ?	HEAVENLY BODIES

THE EXCHANGE OF PARTICLES IS RESPONSIBLE FOR THE FORCES

Abb. 3.2 Die vier bekannten Kräfte in der Natur mit ihrer relativen Stärke, den zugehörigen Austauschteilchen und typischem Auftreten, zusammen mit einer Veranschaulichung des Übertragens von Kräften durch den Austausch eines Kraftteilchens (eines Balles). (© 1982 CERN)

einem einfachen Ball in der Alltagswelt ziemlich schwierig wäre. Aber ein richtiges Kraftteilchen kann dies durchaus.

3.3 Wechselwirkungen

Wir kennen vier verschiedene Arten von Kräften zwischen Elementarteilchen, zu denen auch verschiedene Arten von Kraftteilchen gehören. Jeder kennt und spürt die Schwerkraft und Isaac Newton (1643–1727) im 17. Jahrhundert war der Erste, der erkannte, dass das Fallen eines Apfels und die Anziehung von Erde und Mond auf der gleichen Kraft beruht, der Gravitation. Die elektro-magnetische Kraft, ebenfalls schon lange bekannt, ist verantwortlich für elektrischen Strom und Magnetfelder, aber auch für das Licht, denn Photonen, die Lichtteilchen, sind nichts weiter als die Kraftteilchen der elektro-magnetischen Kraft. Wenn wir mit beiden Füßen fest auf der Erde stehen, sind es die abstoßenden, durch Photonen vermittelte Kräfte zwischen den Atomhüllen unserer Füße und des Erdbodens, die verhindern, dass wir durch die Schwerkraft angezogen bis zum Mittelpunkt der Erde fallen.

Im 20. Jahrhundert wurden dann zwei weitere Kräfte entdeckt, die sogenannte „schwache" Kraft und die „starke" Kraft, die beide nur auf geringen Abständen wirken. Es ist tatsächlich die *starke* Kraft, welche die Quarks innerhalb der Protonen und Neutronen durch Austausch von Gluonen als Kraftteilchen zusammenhält. Im Gegensatz dazu sorgt die *schwache* Kraft für Umwandlungen und Zerfälle von einer Quarksorte in eine andere und ist die Ursache der Radioaktivität.

Während die elektro-magnetische Kraft nur ein einziges Kraftteilchen besitzt, das Photon, sind es bei der *starken* Kraft gleich acht verschiedene Gluonen und auch bei der *schwachen* Kraft mehrere Kraftteilchen: das elektrisch ungeladene Z^0-Teilchen und die elektrisch geladenen W^+ und W^- Teilchen. Alle diese Teilchen waren Anfang der 1970er Jahre noch nicht entdeckt, aber es gab Anzeichen, dass die Kraftteilchen der schwachen Kraft sehr schwer sein mussten im Gegensatz zum Photon, das gar keine Masse besitzt.

Materieteilchen und Kraftteilchen zeichnen sich durch einen entscheidenden Unterschied aus: Materieteilchen besitzen allesamt einen halbzahligen Eigendreh-impuls (Spin) und gehören damit zu den Fermionen, während Kraftteilchen einen ganzzahligen Spin besitzen und damit Bosonen sind[4]. Wir bezeichnen die vier bekannten Kräfte in der Natur auch als Wechselwirkungen, wie man den Kraftaus-tausch zwischen Materie allgemein bezeichnet.

3.4   Und das Higgs?

Die elementaren Materie- und Kraftteilchen bilden zusammen das Standardmodell der Teilchenphysik, das „Periodensystem der Elementarteilchen", das über viele Jahre immer vollständiger wurde. Die letzten noch fehlenden Bausteine kamen 1995 mit der Entdeckung des Top-Quark als sechstem und schwerstem Quark hin-zu und mit der Entdeckung des τ-Neutrinos (ν_τ) im Jahr 2000. Damit waren alle

---

[4]Der Eigendrehimpuls (Spin) von Teilchen wird in Einheiten von $\hbar = \frac{h}{2\pi}$ angegeben, mit h = Plancksches Wirkungsquantum. Alle Materieteilchen besitzen einen halbzahligen Spin von $\frac{1}{2}\hbar$ mit einer sogenannten antisymmetrischen quantenmechanischen Wellenfunktion und werden als Fermionen bezeichnet nach dem italienischen Physiker Enrico Fermi (1901–1954). Alle bekannten Kraftteilchen besitzen dagegen einen ganzzahligen Spin von 1 $\hbar$, eine sym-metrische Wellenfunktion und werden als Bosonen bezeichnet nach dem indischen Physiker Satyendra Nath Bose (1894–1974). Aus der Asymmetrie der Wellenfunktion bei Fermio-nen ergibt sich vereinfacht, dass zwei Materieteilchen im gleichen quantenmechanischen Zustand nicht gleichzeitig am selben Ort sein können (Pauli-Prinzip nach Wolfgang Pauli [1900–1958]), die Materie kann sich nur deswegen zu Atomen und großräumigeren Struk-turen zusammenschließen. Bosonen wie Lichtteilchen können sich dagegen ungehindert und ungestört durchdringen und überlagern.

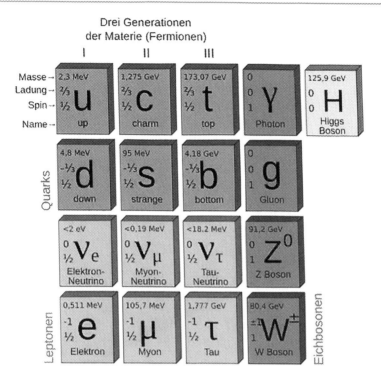

Abb. 3.3 Das Standardmodell der Elementarteilchenphysik mit sechs Quarks und sechs Leptonen als Materieteilchen (Fermionen), den Kraftteilchen (Eichbosonen) der drei bekannten Wechselwirkungen ohne Gravitation und dem Higgs Boson. (© User: Polluks, Wikimedia Commons, License: CC-BY-3.0)

zwölf Materieteilchen nachgewiesen, sechs Quarks und sechs Leptonen[5] und das Standardmodell eigentlich komplett (siehe Abb. 3.3).

Aber es fehlte noch ein entscheidender Bestandteil. Das Standardmodell war eine brilliante und verblüffend einfache theoretische Beschreibung der Welt, die allerdings einen Haken hatte: Alle Teilchen der Theorie waren zunächst masselos, was

---

[5]Leptonen sind nach dem Griechischen *leptós* benannt, das soviel wie „schlank", „dünn" oder „leicht" bedeutet und besitzen im Gegensatz zu Quarks keine starke Wechselwirkung. Das Elektron ist das leichteste von drei geladenen Leptonen, drei weitere Leptonen sind neutral und werden als Neutrinos bezeichnet.

auf keinen Fall der Realität entspricht. Die Masse der Teilchen musste „künstlich" hinzugefügt werden und ergab sich nicht natürlicherweise aus der Theorie selbst. Man brauchte einen zusätzlichen Mechanismus, um zu erklären, wie Masse entsteht und warum die Elementarteilchen des Standardmodells Masse hatten. Solch ein Mechanismus wurde bereits 1964 von den späteren Nobelpreisträgern François Englert und Peter Higgs, sowie Robert Brout und anderen postuliert, aber es dauerte fast 50 Jahre, bis 2012 am CERN und LHC schließlich mit der Entdeckung des Higgs-Teilchens die damalige Theorie bestätigt wurde[6].

---

[6]Mehr zum Mechanismus der Massenerzeugung und zur Entdeckung des Higgs-Teilchens in den *essentials* „Neustart des LHC: die Experimente und das Higgs" und „Neustart des LHC: das Higgs-Teilchen und das Standardmodell" (ISBN 978-3-658-11626-2).

Der erste Nobelpreis: die W- und Z^0-Bosonen

Vor der Entdeckung des Higgs-Teilchens mussten außer den Materieteilchen noch die Austauschteilchen der *starken* und *schwachen* Wechselwirkung gefunden werden. Erste Hinweise auf die Existenz der Gluonen gab es 1979 am deutschen Forschungszentrum DESY in Hamburg. Ein erster, noch indirekter Nachweis des Z^0-Bosons gelang 1973 am CERN bei GARGAMELLE, einer großen mit flüssigem Wasserstoff bei $-252\,°C$ gefüllten Blasenkammer. Die Blasenkammer wurde 1952 von dem US-Amerikaner Donald Glaser (1926–2013) erfunden und diente den Teilchenphysikern seitdem als Standarddetektor für alle Arten von Experimenten. Glaser bekam nach der vergleichsweise kurzen Zeit von acht Jahren 1960 den Nobelpreis für seine Erfindung, so klar waren die Vorteile.

Wenn flüssiger Wasserstoff am Siedepunkt gehalten wird, entstehen kleine Wasserstoffbläschen entlang der Teilchenspuren. Das gleiche Phänomen lässt sich im Kochtopf beobachten, wenn an Boden und Wänden an Stellen kleiner Unrein- oder Unebenheiten Blasen aufsteigen. In der Blasenkammer werden die Wasserstoffbläschen durch Glasfenster fotografiert, sodass die Teilchenspuren sichtbar werden und später vermessen werden können. Die Blasenkammer dient nicht nur als hervorragender Nachweisdetektor von Teilchen, sondern ist gleichzeitig auch Targetmaterial, in dem die von einem Beschleuniger einlaufenden Teilchenstrahlen Reaktionen auslösen.

Solch eine ungewöhnliche Reaktion wurde 1973 bei CERN gefunden: Ein einlaufendes, nicht sichtbares Neutrino mit hoher Energie stößt ein Elektron der Atomhülle des Wasserstoffs an, das scheinbar aus dem Nichts beginnt, sich zu bewegen und eine Bläschenspur hinterlässt. Dies konnte nur erfolgen, wenn Neutrino und Elektron ein Kraftteilchen ausgetauscht hatten, das aber kein gewöhnliches Photon sein konnte. Alles deutete darauf hin, das dies ein Z^0-Boson sein musste. Das erste Anzeichen des neutralen Austauschteilchens der *schwachen* Wechselwirkung.

© Springer Fachmedien Wiesbaden 2016
M. Hauschild, *Neustart des LHC: CERN und die Beschleuniger*,
essentials, DOI 10.1007/978-3-658-13479-2_4

Dies war fast 20 Jahre nach der Gründung des CERN die erste wirklich große Entdeckung. CERN hatte zur Weltspitze der Teilchenphysik aufgeschlossen. Noch reichte es nicht für den ersten Nobelpreis, aber es sollte nicht mehr lange dauern. Ein indirekter Nachweis des Z^0-Bosons war gut, aber die direkte, kontrollierte Erzeugung und der direkte Nachweis wären besser. Und dann gab es noch die W-Bosonen, die man ebenfalls finden musste, um das Bild der *schwachen* Wechselwirkung komplett zu machen. Dummerweise war die geschätzte Masse der Z^0-und W-Bosonen so hoch, dass man mit der Targetmethode nicht genug Energie hatte, um die Teilchen in den Kollisionen mit dem Targetmaterial zu erzeugen[1]. Auch das noch im Bau befindliche SPS mit seinen geplanten 400 GeV hätte nicht ausgereicht. Man würde einen neuen Speicherring und Kollisionen mit gegenläufigen Strahlen brauchen wie beim ISR, denn selbst die Energie des ISR genügte nicht. Mehr Energie musste her!

4.1   Der SppS-Collider

Kaum hatte das neue Super Proton Synchrotron SPS im Jahr 1976 den Betrieb aufgenommen, machte der spätere Physik-Nobelpreisträger Carlo Rubbia ein Jahr später einen einfachen, aber genialen Vorschlag. Wenn man das SPS als Collider betreiben würde, sollte mit etwas Glück genug Energie zur Verfügung stehen, um die Austauschteilchen der *schwachen* Wechselwirkung zu erzeugen und in einem Detektor um den Kollisionspunkt herum nachzuweisen.

Am einfachsten wäre es gewesen, zwei Protonenstrahlen im SPS kreisen zu lassen und zur Kollision zu bringen, wie bereits zuvor beim ISR. Aber leider hat das SPS nur ein einziges Strahlrohr, in dem Protonen nicht gleichzeitig auf gegenläufigen Bahnen kreisen können. Die zur Ablenkung nötigen Magnetfelder würden zwar einen der beiden Strahlen wie vorgesehen im Kreis führen, den anderen Stahl aber an die Wand des Strahlrohrs lenken. So konnte es nicht funktionieren.

Stattdessen müsste man für den gegenläufigen Strahl Teilchen mit gleicher Masse wie Protonen, aber umgekehrter Ladung verwenden: Antiprotonen! Nur mit Protonen und Antiprotonen würde sich das SPS als Collider betreiben lassen. Das Problem der nötigen hohen Kollisionsenergie wäre damit gelöst, allerdings musste man auch genügend viele Kollisionen erzeugen, um darunter die erwarteten, wenigen Reaktio-

---

[1]Um neue Teilchen in einer Kollision zu produzieren, muss die kinetische Energie der kollidierenden Teilchen mindestens so hoch wie die Ruhemasse des neuen Teilchens sein, nach Einsteins berühmter Formel $E = mc^2$. Bei manchen Reaktionen wird das neue Teilchen sogar nur zusammen mit seinem Antiteilchen produziert, sodass in diesem Fall sogar die doppelte kinetische Energie nötig ist. Sehr schwere neue Teilchen brauchen deswegen sehr hohe Kollisionsenergien.

nen mit Z^0 -und W-Bosonen zu finden. Viele Protonen im SPS kreisen zu lassen, war kein Problem, man brauchte aber auch ausreichend viele Antiprotonen und leider gibt es keine Antiwasserstoffflasche, außer in Romanen und Hollywood-Filmen, der man auf einfache Weise Antiprotonen entnehmen kann, wie bei den Protonen. Die Antiprotonen mussten zunächst mühsam produziert werden mit Hilfe des Proton-Synchrotrons, dessen starker Protonstrahl dazu auf ein Target gelenkt wird, in dem die Antiprotonen erzeugt werden. Dies braucht seine Zeit, viele Stunden sind notwendig für eine immer noch bescheidene Menge. Die Antiprotonen müssen zudem solange gespeichert werden und, ganz entscheidend, *gekühlt* werden.

4.2 Antiprotonen sind cool

Was bedeutet *Kühlen*? Die Antiprotonen, die neben anderen Teilchen aus dem Target heraustreten, besitzen ganz verschiedene Energien, vergleichbar dem weißen Licht einer gewöhnlichen Taschenlampe mit einem breiten Spektrum von Lichtwellenlängen (Energien), das wir als weißes Licht wahrnehmen, und sind breit gefächert und nicht sehr stark gebündelt. In dieser Form kann man die Teilchen nicht in einen normalen Beschleuniger einspeisen und zu hohen Energien beschleunigen. Der Beschleuniger braucht am Anfang etwas ähnliches wie einen Laserstrahl, bei dem alle Photonen die gleiche Wellenlänge besitzen und wohl ausgerichtet sind. Ein bleistiftdünner Strahl, den man sogar zum Mond schicken kann, um aus der Laufzeit die Entfernung zur Erde zu bestimmen.

Wie lässt sich der Strahl einer Taschenlampe in einen Laserstrahl verwandeln? Eine Möglichkeit wäre, einen Farbfilter zu verwenden und aus dem weißen Licht nur diejenigen Photonen des Spektrums hindurch zu lassen, die gerade die richtige Wellenlänge bzw. Energie haben. Ein System aus kleinen Lochblenden würde außerdem alle Photonen aussortieren, die von der Strahlachse abweichen. Aber leider bleiben bei all dem Filtern und Ausblenden nur so wenige Photonen übrig, dass man weit entfernt von einem starken Laserstrahl wäre.

Genauso würde es den Antiprotonen ergehen. Auch hier könnte man mit Hilfe von Magneten und Blenden (Kollimatoren) die wenigen passenden Antiprotonen aussortieren, was aber bei weitem nicht ausreichen würde. Es muss ein anderes Verfahren her und dabei wurde auf eine geniale Idee zurückgegriffen, die der Beschleunigerphysiker Simon van der Meer (1927–2011) am CERN bereits einige Jahre zuvor entwickelt und im Jahr 1972 zu Papier gebracht hatte.

Statt passiv alle unpassenden Antiprotonen auszusortieren, müsste man sie aktiv beeinflussen, die Energie und Richtung der Antiprotonen messen und ihnen, falls nötig, einen Schubs in die richtige Richtung geben, um sie wieder auf die Sollbahn zurück zu treiben. Dazu laufen die Antiprotonen in einem kleinen Speicherring herum, der besonders dafür ausgelegt ist, Antiprotonen mit einem zunächst breiten Energie- und Richtungsspektrum aufzunehmen, der Antiproton Accumulator AA. An einer bestimmten Stelle im Ring wird die Richtung der Antiprotonen gemessen und daraus ein Korrektursignal gebildet. Das Signal läuft quer durch den Ring auf die gegenüberliegende Seite und kommt gleichzeitig mit den eben gemessenen Antiprotonen an einem Korrekturmagneten an, der den Antiprotonen einen kleinen Schubs in die gewünschte Richtung gibt. Da die Antiprotonen den längeren Weg um den halben Ring herum nehmen müssen, das Korrektursignal jedoch die kürzere Strecke quer durch den Ring, reicht die Zeit dafür gerade aus.

Bei jedem Umlauf wird die Abweichung der Antiprotonen gemessen und korrigiert und tatsächlich, nach wenigen Sekunden ist aus dem Antiprotonen-Taschenlampenstrahl so etwas wie ein Antiprotonen-Laserstrahl geworden. Was hat dies nun mit *Kühlung* zu tun? Die Moleküle eines Gases bewegen sich regellos in alle Richtungen und besitzen eine bestimmte Energieverteilung (Boltzmann-Verteilung). Ein hohe Temperatur entspricht einer hohen Energie der Moleküle, während tiefe Temperatur wenig Energie und damit wenig Bewegung bedeutet. Die Antiprotonen aus dem Target sind zunächst „heiß", da sie sich stark relativ zueinander bewegen wie in einem heißen Gas. Ausgerichtete Antiprotonen fliegen dagegen gleichförmig geradeaus, besitzen praktisch keine Bewegung mehr relativ zueinander und sind deswegen vergleichbar mit einem kalten Gas mit niedriger Temperatur.

Anfangs war nicht klar, ob das neue Prinzip der sogenannten *stochastischen Kühlung* wirklich funktionieren würde. Was theoretisch für einzelne Antiprotonen funktionieren sollte, musste in der Praxis auf ein ganzes Bündel von Antiprotonen angewendet werden. Würde der Kühleffekt auch erzielt werden, wenn man statt individueller Teilchen ein ganzes Teilchenbündel gemeinsam in eine bestimmte Richtung schubsen würde. Bei einem Bündel vieler Teilchen wird der Kick für einige Teilchen zu groß und für andere zu klein sein und die Frage stellte sich, ob sich der gewünschte Effekt im Mittel trotzdem einstellen würde. Erste Tests im ISR verliefen jedoch sehr zufriedenstellend, die neuartige Kühlung funktionierte, sodass man sicher war, dass der Sp$\bar{\text{p}}$S-Collider, wie er nun genannt wurde, verwirklicht und die notwendige Kollisionsrate erreicht werden konnte.

4.3   Unterirdisch – UA1 und UA2

Neben der nötigen Energie und Kollisionsrate brauchte es auch einen geeigneten Teilchendetektor zum Nachweis der erwarteten W- und Z^0-Bosonen. Selbst wenn es gelänge, eine genügende Anzahl der Austauschteilchen der *schwachen* Wechselwirkung zu produzieren, würden diese sofort zerfallen, bevor eines der Teilchen je die Chance gehabt hätte, in den Nachweisdetektor zu gelangen. *Sofort* bedeutet hier in weniger als 10^{-24} s, in dieser Zeit würde selbst ein Teilchen, das sich mit Lichtgeschwindigkeit bewegt, gerade einmal ein Drittel eines Protondurchmessers weit kommen. Die W- und Z^0-Bosonen lassen sich also niemals direkt in einem Detektor nachweisen, sondern immer nur über ihre Zerfallsprodukte und dies gilt für praktisch jedes der in den letzten Jahrzehnten entdeckten Teilchen.

Obwohl bis dahin niemand ein W- und Z^0-Boson gefunden hatte, ließ sich doch recht genau vorhersagen, wie oft sie produziert und wie sie zerfallen würden. Darunter wären viele Zerfälle in Quarks, die sich aber nicht frei durch den Detektor bewegen können, sondern nur in Form von Teilchenbündeln, sogenannten Jets auftreten. Freie Quarks treten in der Natur nicht auf, da die *starke Wechselwirkung*, durch die die Quarks miteinander Kräfte austauschen, eine erstaunliche Eigenschaft hat: Während die meisten Kräfte, die wir aus unserer Anschauung kennen, mit zunehmendem Abstand immer geringer werden, tritt bei der *starken Wechselwirkung* genau das Gegenteil auf. Zwei Quarks, die man voneinander trennen möchte, werden umso stärker aneinander gehalten, je größer der Abstand zwischen ihnen ist, ähnlich zwei Kugeln, die durch eine Spiralfeder miteinander verbunden sind. Je mehr man versucht, die beiden Kugeln zu trennen, umso mehr spannt sich die Feder und desto mehr Kraft muss man dagegen aufwenden. Bei einer sehr großen Kraft reißt schließlich die Feder und die Quarks sind zwar voneinander getrennt, aber aus einer einzelnen Feder sind plötzlich zwei Federn geworden. Jedes der insgesamt vier Enden beider Federn entspricht dabei wieder einem Quark. Die Kraft, die versucht, zwei einzelne Quarks zu erzeugen, produziert daher lediglich neue, über mehr Federn verbundene Quarks. Aufgrund dieses Phänomens entstehen die Teilchen-Jets und die Information über das ursprüngliche Quark aus dem Zerfall eines W- oder Z^0-Boson wird dabei verwaschen und ungenau. Vielversprechender sind dagegen Zerfälle[2], bei denen Elektronen und Myonen auftreten, die sich als einzelne Spuren im Detektor mit hoher Energie und hohem Impuls manifestieren.

Ähnlich wie es heute beim LHC zwei große Vielzweckdetektoren gibt, ATLAS und CMS, konzipierten auch beim $Sp\bar{p}S$-Collider zwei Gruppen von Teilchenphysikern unabhängig voneinander zwei verschiedene Detektoren, die um die beiden geplanten Kollisionspunkte herum möglichst alle entstehenden Teilchen, besonders

---

[2]Z^0-Bosonen zerfallen unter anderem in ein Elektron und ein Positron oder in ein Myon und ein Antimyon, während W-Bosonen unter anderem in ein Elektron und ein Neutrino oder in ein Myon und ein Neutrino zerfallen. Teilchenphysiker reden häufig von Elektronen, Myonen und Neutrinos im Detektor und meinen damit gleichzeitig auch deren Antiteilchen oder Elektron-Neutrinos und Myon-Neutrinos. Für das Verhalten im Detektor ist der Unterschied zwischen Teilchen und Antiteilchen nicht relevant. Der Zerfall eines Z^0-Bosons in Elektron und Positron wird deswegen meist nur als Zerfall in zwei Elektronen bezeichnet.

aber die Elektronen und Myonen, vermessen sollten. Zwei unabhängige Gruppen mit zwei verschiedenen Detektorkonzepten zu haben war wichtig, denn die Entdeckung der W- und Z^0-Bosonen sollte zweifelsfrei durch zwei unabhängige Messungen belegt werden.

Der Italiener Carlo Rubbia, der bereits die Idee zum Betrieb des SPS als Collider hatte, leitete die eine Gruppe; Pierre Darriulat, ein französischer Physiker, die zweite Gruppe. Heute haben Projekte und Detektoren, nicht nur in der Welt der Teilchenphysik, eingängige Namen oder Abkürzungen wie Hubble Space Telescope, New Horizons oder auch ATLAS. Damals hatte sich niemand die Mühe einer Namensgebung gemacht und so wurden die Detektoren und die Kollaborationen der Physiker einfach nach dem Ort benannt, an dem die Kollisionen stattfinden sollten: UA1 und UA2 für *Underground Area 1* und *2,* da sich beide Detektoren in unterirdischen Kavernen in 40 m Tiefen befanden. Während UA1 als Vielzweckdetektor konzipiert wurde, um möglichst alle bei der Kollision entstehenden Teilchen zu vermessen, und dabei notgedrungen auch Kompromisse bei der Messgenauigkeit eingehen musste, hatte UA2 eine höhere Präzision für die Energiemessung von Elektronen, besaß aber dafür keinen Detektor für Myonen und kein Magnetfeld, in dem über die Richtung der Ablenkung im Magnetfeld Teilchen und Antiteilchen unterschieden werden können.

Die Bauvorschläge beider Kollaborationen wurden im Jahr 1978 genehmigt, und nach einer Rekordzeit von nur wenigen Jahren konnten im Dezember 1981 die ersten Kollisionen von Protonen und Antiprotonen in den UA1 und UA2 Detektoren nachgewiesen werden. Noch war die Kollisionsrate zu gering, um die vorausgesagten, nur selten auftretenden Kollisionen mit W- und Z^0-Bosonen zu entdecken, konnte im darauffolgenden Jahr jedoch kontinuierlich gesteigert werden, weil man es immer besser verstand, immer mehr Antiprotonen anzusammeln. Im Juni 1982 erwartete CERN dann hohen Besuch aus Rom: Papst Johannes Paul II. kam auf Einladung des Generaldirektors Herwig Schopper zum CERN, um sich über die Anlagen, die zu erwartenden Ergebnisse und über zukünftige Projekte zu informieren (siehe Abb. 4.1). Für den Papst-Besuch wurde der Beschleuniger extra angehalten, damit der unterirdische Tunnel und die Detektoren besichtigt werden konnten. Dabei erklärte Schopper dem Papst, dass in den Kollisionen neue Materie *erschaffen* wird, unter denen man sich auch die W- und Z^0-Bosonen der *schwachen* Wechselwirkung erhoffte. Doch der Papst protestierte mit einem Schmunzeln und bemerkte, *Erschaffen und Schöpfung* wäre sein Bereich, wir am CERN würden dagegen neue Materie *produzieren*.

Nicht lange nach dem Papst kam Margaret Thatcher, die langjährige britische Regierungschefin, zum CERN und interessierte sich für die Jagd nach den Austauschteilchen der *schwachen* Wechselwirkung. Bei ihrem Besuch bat sie den

Abb. 4.1 Papst Johannes-Paul II. beim Besuch des CERN am 15. Juni 1982. Generaldirektor Herwig Schopper erklärt dem Papst die *Erschaffung* von neuer Materie anhand des Modells einer Proton-Antiproton-Kollision. (© 1982 CERN)

Generaldirektor, sie über die weiteren Fortschritte zu informieren und tatsächlich, gegen Ende des Jahres, während dem immer mehr Daten gesammelt wurden, schrieb ihr Schopper am 20. Dezember 1982 in einem vertraulichen Brief, dass eine Entdeckung unmittelbar bevorstand.

Nur einen Monat später, Anfang 1983, war es soweit: In zwei getrennten mit Spannung erwarteten Seminaren am 20. und 21. Januar 1983 in einem voll gepackten Auditorium trugen der Sprecher von UA1, Carlo Rubbia, und Luigi Di Della von UA2 ihre Ergebnisse vor. UA1 hatte sechs Zerfälle beobachtet, die von W-Bosonen stammen konnten, bei UA2 waren es vier Zerfälle. Beide Gruppen machten auch eine erste Abschätzung der Masse, die übereinstimmend bei etwa 80 GeV lag, im Einklang mit der theoretischen Vorhersage. Rubbia war gewiss, dass es das W-Boson sein musste, *„they look like Ws, they feel like Ws, they smell like Ws, they must be Ws"*, wie er formulierte. Die Gruppe um UA2 war da vorsichtiger, aber trotz nicht ganz ausgeräumter Bedenken wurde in einer gemeinsamen Pressekonferenz wenige Tage später, am 25. Januar 1983 die Entdeckung des W-Bosons verkündet (siehe Abb. 4.2). Ein wahrer Triumph der Teilchenphysik, der nur Wirk-

Abb. 4.2 Pressekonferenz am 25. Januar 1983 mit der Bekanntgabe der Entdeckung des W-Bosons. Von links nach rechts: Carlo Rubbia, Sprecher von UA1; Simon van der Meer, verantwortlich für die stochastische Kühlung; Herwig Schopper, Generaldirektor von CERN; Erwin Gabathuler, CERN-Forschungsdirektor, und Pierre Darriulat, Sprecher von UA2. (© 1983-2016 CERN)

lichkeit werden konnte durch das perfekte Zusammenspiel von Beschleunigertechnologie, Detektorkonzept, Datenanalysekunst und Theorie mit ihrer Vorhersagekraft.

Aber noch fehlte das Z^0, das unbedingt als letzter Beweis der Theorie gefunden werden musste. Es war im Prinzip leichter zu entdecken, da es in zwei einfach zu findende Elektronen oder in zwei Myonen zerfällt. Bei einer zehnmal geringeren Produktionsrate als für W-Bosonen waren jedoch zehnmal mehr Daten nötig, bis schließlich im Juni 1983 zunächst UA1 und einen Monat später auch UA2 jeweils vier Zerfälle in ihren Detektoren beobachteten, die von einem Z^0 stammen konnten. Wie schon zuvor beim W stimmte die Masse bei UA1 und UA2 überein und lag mit etwa 90 GeV wiederum nahe der Vorhersage der Theorie. Das war der letzte Beweis, die Austauschteilchen der *schwachen* Wechselwirkung waren endgültig gefunden.

Nur ein Jahr später, 1984, wurde die Entdeckung der W- und Z^0-Bosonen gekrönt durch die gemeinsame Vergabe des Nobelpreises für Physik an Carlo Rubbia und Simon van der Meer. Rubbia für seine Idee, das SPS-Synchrotron als Collider für Protonen und Antiprotonen zu betreiben und damit genug Kollisionsenergie aufzubringen, und van der Meer für sein Konzept der *stochastischen Kühlung* der Antiprotonen, ohne die es niemals eine genügend hohe Anzahl von Kollisionen gegeben hätte. Der Nobelpreis für Rubbia und van der Meer war der erste aufgrund einer Entdeckung am CERN. Nach 30 Jahren hatte CERN und Europa damit endgültig zu den großen Forschungszentren in den USA aufgeschlossen und spielte in der gleichen Liga.

Mehr noch: Neue, noch größere Projekte standen zur Diskussion und nach weiteren 30 Jahren wiederholten sich die Ereignisse. Im Jahr 2012 wurde die Entdeckung eines neuen Teilchens am LHC im gleichen Auditorium bekannt gegeben und 2013, wiederum nur ein Jahr später, erhielten François Englert und Peter Higgs den Physiknobelpreis für ihre Theorie eines Mechanismus zur Erzeugung der Masse von Elementarteilchen. Die Geschichte wiederholte sich.

Teilchenbeschleuniger – wie geht das?

Alle diese Entdeckungen waren nur mit immer größeren Teilchenbeschleunigern möglich. Aber wie funktioniert ein Teilchenbeschleuniger eigentlich? Und wie sieht es mit der Beschleunigung aus, wenn die Teilchen schon so nahe an der Lichtgeschwindigkeit sind, dass sie gar nicht viel schneller werden können?

5.1   Wie beschleunigt man Teilchen?

Bis vor wenigen Jahren gab es in praktisch jedem Haushalt einen kleinen Teilchenbeschleuniger: die Bildröhre eines Fernsehers oder eines Computer-Monitors. Die Braun'sche Röhre, erfunden 1897 von Karl Ferdinand Braun (1850–1918), ist der Ur-Typ aller nachfolgenden Bildröhren und in der Tat sind darin alle wesentlichen Elemente eines großen Teilchenbeschleunigers enthalten. Dort passiert im kleinen Maßstab genau das Gleiche wie in den ganz großen Teilchenbeschleunigern: Es gibt eine Teilchenquelle, die Elektronen emittiert und die anschließend durch eine hohe elektrische Spannung beschleunigt werden; Magnetfelder, die die Elektronen auf das Target, die Leuchtschicht lenken, wo das Bild zeilenweise aufgebaut wird; und schließlich ein Vakuum, damit die Elektronen ungehindert ihren Weg durch die Röhre finden.

Magnete spielen auch bei Teilchenbeschleunigern wie dem LHC eine entscheidende Rolle und ein gutes Vakuum ist ebenso ein wichtiges Element eines Beschleunigers. Schließlich sollen die Teilchen möglichst wenig Stöße mit Restluftmolekülen erleiden. Dies ist bei Speicherringen umso wichtiger, da dort die Teilchen über viele Stunden in der Vakuumkammer kreisen, wie sich schon am ersten Proton-Proton-Collider, dem ISR am CERN, gezeigt hatte. In der Bildröhre treten Elektronen aus einer heißen Glühkathode heraus, beim CERN sind es meist Protonen aus der Wasserstoffgasflasche, die auf die Reise durch den Beschleunigerkomplex geschickt werden.

© Springer Fachmedien Wiesbaden 2016
M. Hauschild, *Neustart des LHC: CERN und die Beschleuniger,*
essentials, DOI 10.1007/978-3-658-13479-2_5

Um Teilchen zu beschleunigen, brauchen wir elektrische Felder. Magnetfelder können Teilchen zwar ablenken und auf andere Bahnen zwingen, aber nur durch elektrische Felder lassen sich elektrisch geladene Teilchen beschleunigen und auf hohe Geschwindigkeiten und Energien bringen. Bei neutralen Teilchen funktioniert dies nicht. Der einfachste Teilchenbeschleuniger besteht aus zwei sich gegenüberliegenden Platten, die an die beiden Pole einer Spannungsquelle angeschlossen sind. Ein positiv geladenes Proton wird von der positiven Platte abgestoßen und bewegt sich mit immer höher werdender Geschwindigkeit zur negativen Platte, die das Proton anzieht. Es wird beschleunigt. Gleiches gilt für negativ geladene Elektronen, nur muss dort die Polarität der Platten vertauscht werden.

Nehmen wir eine handelsübliche 1,5 V Batterie, wie hoch wird die Energie und die Geschwindigkeit eines Protons sein, wenn es auf die negative Platte auftrifft? Die gewonnene Energie des Protons beträgt $E = q \times U$, mit der elektrischen Spannung U (1,5 V) und der Ladung des Protons q, die der Elementarladung entspricht ($q = 1,602 \times 10^{-19}$ C), erhalten wir einen Wert von $2,4 \times 10^{-19}$ J für die Energie des Protons, eine recht kleine Zahl und recht wenig Energie. Wenn wir uns um unsere Gesundheit und unser Gewicht Sorgen machen und den Energieinhalt unserer Lebensmittel vergleichen, haben wir es meist mit Kilokalorien oder, in modernen Einheiten, Kilojoule kJ = 1000 J zu tun. Eine 100 g Tafel Vollmilchschokolade hat einen für uns verwertbaren Energieinhalt von 2300 kJ oder ein Viertel des Tagesbedarfs.

Physiker verwenden für die Energie eines beschleunigten Teilchens eine praktischere Einheit als Joule: das Elektronenvolt eV. Dies ist die Energie eines Elektrons (genauer: eines geladenen Teilchens mit der Elementarladung), das durch eine Spannung von 1 V beschleunigt wird. Protonen besitzen die gleiche Elementarladung wie Elektronen, nur mit umgekehrtem Vorzeichen, die Energie unseres Protons beträgt also 1,5 eV, nachdem es durch die 1,5 V Batterie beschleunigt wurde. Energien im Bereich von Elektronenvolt sind typisch für chemische Reaktionen, auch die Batterie selbst erzeugt ihre Spannung aus einer chemischen Reaktion. Die Energie der Photonen von rotem Licht liegt ebenfalls im gleichen Bereich und bei etwa 2 eV.

Mit etwas Schulphysik lässt sich weiter berechnen[1], dass ein Proton selbst bei der vergleichsweise kleinen Energie von 1,5 eV bereits eine Geschwindigkeit von knapp 17 km/s besitzt, mehr als die Fluchtgeschwindigkeit der Erde von 11,2 km/s.

---

[1]Um die Geschwindigkeit auszurechnen, machen wir uns zunutze, dass die gewonnene Energie $E = q \times U$ der kinetischen Energie $E_{kin} = \frac{1}{2} m_p v^2$ entspricht. Nach einer kurzen Umformung erhalten wir für die Geschwindigkeit v schließlich: $v = \sqrt{2 U \frac{q}{m_p}}$, mit der Masse des Protons m_p von $1,672 \times 10^{-27}$ kg.

Das Proton wäre also ohne weiteres in der Lage, die Erde zu verlassen wie eine Raumsonde, die zu den entfernten Planeten fliegt.

Deutlich höher sind die Spannungen in einer Farbbildröhre. Dort werden Elektronen mit bis zu 30.000 V beschleunigt, besitzen also eine Energie von 30.000 eV oder 30 keV (Kiloelektronenvolt). Wegen der fast 2000-fach geringeren Masse von Elektronen gegenüber den Protonen liegt deren Geschwindigkeit in der Bildröhre schon bei 100.000 km/s, oder einem Drittel der Lichtgeschwindigkeit, sodass bereits relativistische Effekte beginnen eine Rolle zu spielen. Ein fast relativistischer Teilchenbeschleuniger im heimischen Wohnzimmer, das klingt zunächst recht erstaunlich.

Bei noch höheren Beschleunigungsspannungen ist die Lichtgeschwindigkeit schnell erreicht und die klassische Berechnung der Geschwindigkeit verliert ihre Gültigkeit. Stattdessen muss die relativistische Massenzunahme berücksichtigt werden. Teilchen mit Geschwindigkeiten nahe der Lichtgeschwindigkeit werden deswegen kaum noch schneller, auch wenn sich die Energie verdoppelt oder vervielfacht. Der Begriff „Beschleunigung" macht für Teilchen nahe der Lichtgeschwindigkeit keinen Sinn mehr, nur die Energiezunahme in Form der relativistischen Massenzunahme zählt für die Teilchenphysiker.

Die oft gestellte Frage: „Wie schnell sind denn nun die Protonen im LHC? Wie nahe an der Lichtgeschwindigkeit?" wird kaum ein Teilchenphysiker auf Anhieb beantworten können[2], wohl aber wie hoch die Energie der Protonen im LHC nach dem Neustart ist: 6,5 Billionen Elektronenvolt oder 6,5 TeV. Es würde mehr als 4 Billionen 1,5 V Batterien erfordern, über eine Strecke länger als der Abstand der Erde zur Sonne hintereinander in Reihe geschaltet, um diese Beschleunigungsspannung zu erzeugen. Es klingt zunächst unmöglich, dies zu erzielen, aber offensichtlich ist es auch auf andere Weise möglich, hohe und höchste Energien zu erreichen.

5.2   Mehr Spannung!

Anfang des 20. Jahrhunderts behalfen sich die Physiker zunächst mit radioaktiven Quellen, deren verschiedene Strahlen ausreichend Energie für die Fragestellungen der Zeit über den Aufbau der Atome und später der Atomkerne lieferten. Aber in den 1920er Jahren wurde der Wunsch nach höherer Energie größer. Ernest Rutherford (1871–1937), einer der bedeutendsten Experimentalphysiker seiner Zeit und Entdecker des Atomkerns, setzte 1927 einen Teilchenbeschleuniger mit einer Energie

---

[2]Bei einer Energie von 6,5 TeV im LHC fliegen die Protonen mit 99,999999 % der Lichtgeschwindigkeit und sind damit lediglich um 3 m/s oder 11 km/h, der Geschwindigkeit eines Joggers langsamer als das Licht.

von 10 Mio. eV (10 MeV) als Ziel. Dies brachte den Ball ins Rollen und innerhalb kurzer Zeit ging es mit der Energie aufwärts.

Die nächstliegende Methode war, einfach immer höhere Beschleunigungsspannungen zu erzeugen. Dazu erfand 1929 Robert J. Van de Graaff (1901–1967) den Bandgenerator, nach ihm auch Van-de-Graff-Generator genannt. Ein umlaufendes Gummiband, das durch einen Motor angetrieben wird, transportiert kontinuierlich Ladung, die durch Reibungselektrizität aufgebracht wird, zu einer großen Metallkugel, die sich immer stärker auflädt. Dadurch lassen sich in kurzer Zeit recht hohe Spannungen erzeugen.

Der Bandgenerator ist auch ein beliebter Schulversuch im Physikunterricht, um die Abstoßung gleichnamiger Ladungen zu demonstrieren: Vielen ist vielleicht noch das Bild in Erinnerung, in dem sich die möglichst langen und trockenen Haare einer Versuchsperson aufstellen und abstoßen, wenn die Metallkugel beim Aufladen festgehalten wird. Mit Schulgeneratoren lassen sich ohne weiteres Spannungen von bis zu 100.000 V erreichen, bei ungefährlichen Strömen und wenig gespeicherter Energie, die sich nur in harmlosen, aber beeindruckenden Funken entladen kann.

Van-de-Graff-Generatoren für Beschleuniger erreichen typisch einige Millionen Volt, und die höchste je erreichte Spannung betrug 25,5 Mio. V. Das gesetzte Ziel von Rutherford war damit erreicht. Hohe Spannungen lassen sich aber auch rein elektrisch erzielen ohne Reibung und Mechanik. Kurze Zeit nach Van de Graaff erfanden John D. Cockcroft (1897–1967) und Ernest T. S. Walton (1903–1995) im Jahr 1932 einen elektrischen Spannungsvervielfacher, der niedrige Wechselspannung in eine hohe Gleichspannung wandelt über eine Reihe von Kondensatoren und Dioden. Die Stromstärke kann deutlich höher sein als beim Bandgenerator, sodass auch intensivere Teilchenstrahlen beschleunigt werden können. Mit Hilfe eines solchen Vervielfachers wurde bis in die 1970er Jahre am CERN die erste Beschleunigerstufe der Protonen nach der Ionisation des Wasserstoffgases betrieben.

Das Konzept immer höherer Spannung war jedoch bald ausgereizt. Hohe Spannungen führen zunehmend zu Problemen mit der Isolation. Jedem sind die Hochspannungsleitungen vor Auge, die sich durch die Landschaft ziehen, um unsere Energieversorgung sicherzustellen. Die meisten Überlandleitungen arbeiten bei 380 kV Wechselspannung und benötigen hohe Masten und große Isolatoren, um über einen ausreichend hohen Abstand zwischen den Spannungspolen Funkenüberschläge zu vermeiden. Wer je unter einer Hochspannungsleitung stand, hat vielleicht auch das je nach Luftfeuchtigkeit feinere oder stärkere Knistern wahrgenommen, das von kleinen Entladungen an Spitzen von Kabeln oder Trägern herrührt und zu Übertragungsverlusten führt. Bei Spannungen im Millionen-Volt-Bereich wird die Isolierung und die Vermeidung von Entladungen zu einem ernsthaften Problem.

5.3 Immer geradeaus – Linearbeschleuniger

Eine Alternative zu den hohen statischen Beschleunigungsspannungen wurde von dem norwegischen Ingenieur Rolf Wideröe (1902–1996) umgesetzt. Er konstruierte 1928 einen neuartigen Beschleuniger, der bereits einige Jahre zuvor von dem Schweden Gustav Ising (1883–1960) konzipiert wurde. Dort werden in einer geradlinigen (linearen) Struktur Teilchen mit Hilfe von Wechselspannung beschleunigt.

Die Teilchen werden dazu durch eine Reihe von nacheinander liegenden Röhren mit kleinen Zwischenräumen geschickt, über denen die Wechselspannung anliegt. Deren Frequenz und Polarität ist gerade so gewählt, dass die Teilchen in den Zwischenräumen durch das elektrische Feld beschleunigt werden. In den Zeiten, in denen sich die Wechselspannung umkehrt und durch die falsche Polarität die Teilchen bremsen würde, befinden sich diese innerhalb der Röhren, die das Feld abschirmen. Die Teilchen „driften" darin ohne weitere Störung, sodass die Röhren daher auch als Driftröhren bezeichnet werden.

Durch die lineare Anordnung mit wiederkehrenden Beschleunigungsstrecken zwischen den Driftröhren wird die Beschleunigungsspannung vielfach ausgenutzt, statt nur einmalig wie bei einer hohen statischen Gleichspannung. Dieser Linearbeschleuniger oder kurz LINAC (für engl. *Linear Accelerator*) ist der Prototyp einer ganzen Reihe heutiger moderner Beschleuniger. Da sich die Teilchen sehr schnell durch die Driftröhren bewegen, muss sich die Wechselspannung ebenfalls schnell umpolen, sodass deren Frequenz im MHz-Bereich oder darüber liegt, dem Bereich von Radiowellen. Ein schönes Beispiel für einen Beschleuniger mit Driftröhren ist der erste CERN-Linearbeschleuniger LINAC1 (siehe Abb. 5.1).

Auch die geplanten Beschleunigerprojekte eines *electron positron collider*[3] wie der International Linear Collider ILC in Japan oder der Compact Linear Collider CLIC am CERN mit bis zu 3 TeV Kollisionsenergie sind Linearbeschleuniger. Statt Driftröhren werden dort Hohlraumresonatoren verwendet *(cavities)*, in denen sich stehende oder wandernde elektro-magnetische Hochfrequenzwellen ausbilden. Die

---

[3]Mehr dazu im *essential* „Neustart des LHC: die Experimente und das Higgs".

Abb. 5.1 Der erste
CERN-Linearbeschleuniger
LINAC1 mit Driftröhren.
(© 1968 CERN)

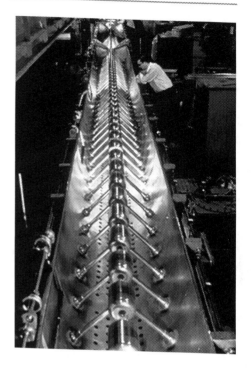

Teilchen werden dabei von den Wellen vorwärtsgetrieben wie ein Wellenreiter von
einer Meereswelle.

5.4   Immer rund herum – Kreisbeschleuniger

Linearbeschleuniger haben einfach zu bauende Strukturen, werden allerdings bei
größeren Energien schnell recht lang, da die einzelnen Beschleunigungsstrecken
nacheinander angeordnet sind und jeweils nur einmal von einem Teilchen durchlaufen werden. Noch praktischer wäre es, eine Beschleunigungsstrecke mehrfach
auszunutzen und immer und immer wieder zu durchlaufen. Dies führt zwangsläufig
zu Kreisbeschleunigern, bei denen die Teilchen durch starke Magnete auf eine Kreisbahn gelenkt werden, sodass sie die Beschleunigungsstrecke mehrfach durchlaufen
und auf diese Weise immer höhere Energien erreichen können.

Inspiriert durch die Verwendung von elektro-magnetischen Hochfrequenzwellen im Linearbeschleuniger durch Wideröe konzipierte Ernest O. Lawrence (1901–1958) im September 1930 den ersten Kreisbeschleuniger, das Zyklotron. In einer flachen Vakuumkammer erhalten die Teilchen darin immer höhere Energien durch eine hochfrequente Wechselspannung und werden durch ein Magnetfeld auf eine spiralförmige Bahn von innen nach außen gezwungen. Lawrence erreichte im Januar 1931 mit seinem ersten Prototyp von nur 11,5 cm Durchmesser eine Energie von 80 keV. Im darauffolgenden Sommer waren es bereits 1,1 MeV und ein Jahr später, im September 1932, sogar 3,6 MeV mit einem Zyklotron von fast 70 cm Durchmesser und einem 80 t schweren Elektromagneten. Es funktionierte! Immer höher wurden die Energien in den darauffolgenden Jahren und trugen zur Vertiefung des Wissens über die Atomkerne und der Kernreaktionen bei. Zyklotrone werden auch zur Produktion von Radionukliden für diagnostische Zwecke eingesetzt und dienen in der Strahlentherapie.

Für die Erforschung der Elementarteilchen, über die Kernphysik hinaus, wurden aber weitaus höhere Energien benötigt. Um diese Energien mit Zyklotronen zu

Abb. 5.2 Blick in den SPS-Tunnel mit alternierenden Fokussier- und Ablenkmagneten. (© 1976 CERN)

erreichen, waren immer größere Durchmesser und immer schwerere Magnete nötig. Der erste CERN-Beschleuniger, das Synchrozyklotron, wog 2500 t, ein stolzes Gewicht für eine in heutigen Maßstäben eher geringe Energie von 600 MeV. Es geht aber auch anders, indem die Teilchen in einer ringförmigen Vakuumkammer immer auf derselben Bahn herumgeführt werden. Magnetfelder sind dann nur entlang des Rings erforderlich, allerdings muss das Magnetfeld mit zunehmender Energie synchron dazu hochgefahren werden, um die Teilchen auf der konstanten Bahn zu halten.

Dies war die Geburtsstunde des Synchrotrons, auf dem alle heutigen Teilchenbeschleuniger oberhalb einer Energie von 1 GeV basieren, auch der LHC. Das Prinzip des Synchrotrons wurde gegen Ende des zweiten Weltkriegs unabhängig voneinander in der Sowjetunion von Vladimir Veksler (1907–1966) und in den USA von Edwin McMillan (1907–1991) entwickelt. Im Brookhaven National Laboratory auf Long Island (USA) konnte 1953 mit dem Cosmotron mit 3 GeV erstmalig eine Energie oberhalb von einem GeV erreicht werden. Nur ein Jahr später zog die Westküste nach mit 6,3 GeV am Bevatron[4], an dem 1955 das Antiproton entdeckt wurde. Die Antiprotonen wiederum machten später am Sp$\bar{\text{p}}$S Collider am CERN erst die Entdeckung der W- und Z^0-Bosonen möglich.

Um die Teilchen auf ihrer Kreisbahn zu halten, werden neben Ablenkmagneten (Dipole) auch Fokussiermagnete (Quadrupole) benötigt, die eine ähnliche Funktion wie eine Sammellinse für Lichtstrahlen besitzen. In einem Synchrotron wie dem SPS (siehe Abb. 5.2) und auch beim LHC wechseln sich beide Magnettypen ständig ab und sorgen zusammen mit weiteren, kleinen Korrekturmagneten für eine ständige Fokussierung, ohne die die Teilchen nach nur wenigen Umläufen auf die Wände des Vakuumrohres treffen würden.

---

[4]Das Bevatron erhielt seinen Namen als Abkürzung von *Billions of eV Synchrotron* für seine Energie im GeV-Bereich (Milliarden eV). Im US-amerikanischen entspricht *one billion* = 10^9 (eine Milliarde), während im deutschen Sprachgebrauch eine Billion = 10^{12} bedeutet.

Der Large Hadron Collider LHC

6

6.1 Think Big! – Der 27-km-Tunnel

Als Rubbia 1977 die Idee des Sp$\bar{\text{p}}$S-Collider aufbrachte und Jahre, bevor die W- und Z^0-Bosonen entdeckt waren, gab es bereits Überlegungen für einen noch größeren Ring als das SPS mit seinen knapp 7 km Umfang. Statt Protonen sollte die nächst größere Maschine allerdings Elektronen und ihre Antiteilchen, die Positronen, kollidieren lassen.

Wie bereits in Kap. 3 beschrieben, sind Protonen keine Elementarteilchen im eigentlichen Sinn, sondern zusammengesetzt aus Quarks, die durch Gluonen, den Austauschteilchen der *starken* Wechselwirkung, zusammengehalten werden. Die gesamte Energie des Protons verteilt sich zudem auf alle seine Bestandteile, die sich wie Gasmoleküle mit verschiedenen Energien und Richtungen im Proton bewegen. Bei der Kollision zweier Protonen[1] sind es daher in Wirklichkeit zwei einzelne Quarks oder Gluonen, die miteinander kollidieren. Der Zufall bestimmt dabei die Kollisionspartner und die Energie der einzelnen Kollision, die tatsächlich beim LHC im Mittel nur bei weniger als einem Fünftel der Maximalenergie von derzeit 13 TeV liegt bei einer gleichzeitig breiten Streuung. Weder sind also die eigentlichen Kollisionspartner im Inneren, noch ist deren Kollisionsenergie genau festgelegt und bekannt. Für die präzise Vermessung von Produktion und Zerfällen neu zu entdeckender Teilchen sind diese nur unzureichend bekannten Anfangsbedingungen eine ungünstige Ausgangsposition.

Mit Elektronen und Positronen gibt es dieses Problem nicht. Beide Kollisionspartner sind elementar und deren Kollisionsenergie ist über die Einstellung des Beschleunigers genau definiert und bekannt. Diesem Vorteil steht allerdings ein

---

[1]Gleiches gilt für die Kollision von Protonen mit Antiprotonen.

© Springer Fachmedien Wiesbaden 2016
M. Hauschild, *Neustart des LHC: CERN und die Beschleuniger,*
essentials, DOI 10.1007/978-3-658-13479-2_6

Nachteil entgegen, der die maximale Energie beschränkt: Wenn elektrisch geladene Teilchen eine beschleunigte Bewegung ausführen, strahlen sie Energie in Form von elektro-magnetischen Wellen ab. Dies passiert schon in jeder Antenne eines Radio- oder Mobilfunksenders, in der Elektronen hin- und her schwingen und Radiowellen abstrahlen.

Bei einem Kreisbeschleuniger werden die Elektronen durch Magnetfelder abgelenkt und auf eine Kreisbahn gezwungen, durch die Richtungsänderung ebenfalls eine beschleunigte Bewegung. Die Energien der Elektronen im Beschleuniger sind sehr viel höher als in einer Antenne, daher liegt die Wellenlänge der abgestrahlten elektro-magnetischen Energie im Bereich des sichtbaren Lichtes, oder sogar im UV- oder Röntgen-Bereich. Diese sehr intensive Strahlung wird als Synchrotron-Strahlung bezeichnet und wurde kurz nach dem Zweiten Weltkrieg mit dem Aufkommen der ersten Elektron-Synchrotrons erstmalig beobachtet.

Leider steigt der Energieverlust durch Abstrahlung von Synchrotron-Strahlung sehr schnell mit der Energie des Beschleunigers an. Eine Verdopplung der Elektronenenergie sorgt für 16-fach höhere Verluste[2], die ausgeglichen werden müssen: durch 16-fach höhere Beschleunigungsspannungen oder -feldstärken der Hochfrequenzwelle oder durch 16-mal mehr Beschleunigungsstrecken. Eine zehnfache höhere Energie würde zu 10.000-fach höheren Verlusten führen und es wird klar, dass sehr bald eine Grenze erreicht wird, bei der ein Ausgleich nicht mehr möglich ist. Die leichten Elektronen und Positronen sind bei hohen Energien daher im klaren Nachteil gegenüber den schweren Protonen. Trotzdem sind beide Arten von Beschleunigern für die Teilchenphysik wichtig und ergänzen sich gegenseitig: Proton Collider für höchste Energien als „Entdeckungsmaschinen" und Elektron-Positron Collider mit definierten Anfangsbedingungen als „Präzisionsmaschinen".

CERN hatte sich mit dem SPS bereits ins Umland erweitert, als Mitte der 1970er Jahre die Studien für den noch größeren Tunnel begannen, der den zukünftigen *Large Electron Positron* Collider LEP aufnehmen sollte. Ziel war dabei eine Kollisionsenergie von 200 GeV, also 100 GeV pro Strahl. Diese Energie würde ausreichen, um die zu dem Zeitpunkt noch unentdeckten Z^0-Bosonen millionenfach zu produzieren und genauestens zu vermessen, ebenso wie die W-Bosonen. Das war eine ganz andere Größenordnung. Als Rubbia 1984 den Nobelpreis entgegennahm, hatte sein UA1-Detektor bis dahin lediglich sechs Z^0-Bosonen eingefangen, damit konnte man zwar grob deren Masse bestimmen, für Präzisionsmessungen war dies aber viel zu wenig.

---

[2]Der Energieverlust ΔE durch Abstrahlung hängt vom Ablenkradius r, aber sehr viel stärker von der Masse m und der kinetischen Energie E des beschleunigten Teilchens ab: $\Delta E \propto \frac{E^4}{r \times m^4}$.

Beginnend mit 50 km Umfang kam man über verschiedene andere Vorschläge 1981 schließlich auf einen Tunnel von 26,7 km Umfang, der gerade zwischen den Genfer Flughafen und den französischen Jura passte. Der Tunnel mit einem Durchmesser von 3,8 m sollte überwiegend in einer Tiefe von 50 bis 175 m in der *molasse*-Schicht verlaufen, einem weichen Sedimentgestein, das sich hervorragend für Tunnelbohrmaschinen eignet und sich unterhalb der dicken Lage von lockerem Schotter befindet, den der Rhonegletscher während der Eiszeiten bis nach Genf getragen hat. Diese Tiefe isoliert den Tunnel auch von störenden Oberflächenvibrationen durch Verkehr und Baustellenaktivitäten und stellt zudem einen natürlichen Strahlenschutz dar. Durch eine leichte Neigung von 1,4 % wurde das brüchige und mit Spalten durchsetzte Juragestein bis auf einen kurzen Abschnitt soweit wie möglich vermieden. Die Tunnelarbeiten begannen 1983 und kamen gut voran, als sich wie schon vorausgesehen, die noch verbleibenden wenigen Kilometer unter dem Jura tatsächlich als kritisch herausstellten und Wassereinbrüche zu Bauverzögerungen von einigen Monaten und zu Mehrkosten führten. Etwas mehr als vier Jahre später im Februar 1988 erfolgte schließlich der Durchstoß zwischen den letzten Abschnitten des knapp 27 km langen Tunnels.

6.2 Ein Tunnel – zwei Beschleuniger?

Warum hatte man bei der Planung des Tunnels eine Lösung gewählt, die trotz Risiken einige Kilometer unter dem Jura hindurch führte? Eine etwas kleinere Lösung von nur 22 km Umfang hätte dies vermieden und auch bei dieser Größe hätte die Energie ausgereicht, um in Elektron-Positron-Kollisionen genug W- und Z^0-Bosonen für Präzisionsmessungen zu liefern.

Der Hauptgrund lag in der Tat in der möglichen Verwendung des Tunnels für einen Large Hadron Collider[3]. Die Energie des LHC sollte so hoch wie möglich sein, um mit Sicherheit das Higgs-Boson zu finden und damit das Standardmodell komplett zu machen, oder aber seine Existenz mit Sicherheit auszuschließen. Dann hätte man allerdings etwas anderes finden müssen, um die Erzeugung der Masse von Elementarteilchen zu erklären. Die höchste erreichbare Energie eines Proton-Proton-Colliders ist nicht limitiert durch Energieverluste aufgrund von Synchrotron-Strahlung wie bei den leichten Elektronen, sondern hängt von der Magnettechnologie ab und kann nur so hoch sein, wie die höchsten Magnetfelder es gerade noch

---

[3]Der spätere LHC sollte außer Protonen auch andere Teilchen wie schwere Bleikerne beschleunigen und zur Kollision bringen. Protonen und Bleikerne unterliegen der *starken* Wechselwirkung und gehören damit zur Teilchenklasse der *Hadronen*, sodass der zukünftige Beschleuniger *Large Hadron Collider* getauft wurde.

erlauben, die Protonen auf ihrer Bahn im Tunnel zu halten. Jeder Kilometer mehr Umfang bedeutet eine höhere Kollisionsenergie der Protonen und dies wiederum hilft, mehr und schwerere Higgs-Teilchen zu erzeugen, denn niemand konnte in den 1980er Jahren sagen, wie schwer das Higgs-Teilchen sein würde. Dies war die einzig unbestimmte Größe der Theorie. Also sollte der gesamte Massenbereich bis zu den höchsten möglichen Massen von etwa 1 TeV vollständig vom LHC abgedeckt werden.

Im Jahr 1984 gab es das erste Konzept der Nutzung des LEP-Tunnels für einen Proton-Proton-Collider. Das *European Committee for Future Accelerators* (ECFA) befasst sich seit den 1960er Jahren mit der Planung und zukünftigen Ausrichtung der europäischen Teilchenphysik und veranstaltete im März 1984 einen einwöchigen Workshop in Lausanne, bei dem sich verschiedene Arbeitsgruppen mit der physikalischen Zielsetzung, den Detektoren und dem Beschleuniger befassten (siehe Abb. 6.1). Ergebnis war das Konzept eines Beschleunigers mit supraleitenden Magneten, einer Kollisionsenergie von mindestens 10 TeV und einer Luminosität[4] von 10^{33} cm^{-2}s^{-1}. Der heutige LHC besitzt gegenüber den damaligen Anforderungen sogar eine zehnfach höhere Luminosität und auch die Energie von 13 TeV nach dem Neustart übertrifft die Mindestforderung von 1984.

Weiterhin sah das Konzept vor, die LHC-Magnete über den LEP-Magneten im Tunnel zu platzieren. Dies hätte den gleichzeitigen Betrieb von LEP und LHC ermöglicht und sogar Proton-Elektron-Kollisionen erlaubt. Später wurde die Idee von zwei Beschleunigern im gleichen Tunnel aber wieder verworfen. Es hätte mechanisch und logistisch wenig Sinn gemacht, die schweren LHC-Magnete über die vergleichsweise leichten LEP-Magnete zu setzen. So konnte mit dem Bau des LHC erst begonnen werden, nachdem LEP im November 2000 abgeschaltet und im darauffolgenden Jahr demontiert wurde. Das Konzept des Proton-Elektron-Colliders wurde stattdessen an anderer Stelle verwirklicht: Der HERA Collider (**H**adron-**E**lektron-**R**ing-**A**nlage) wurde am deutschen Forschungszentrum DESY in Hamburg gebaut, lief dort von 1990 bis 2007 und trug wichtige Daten zum Aufbau des Protons und den Energieverteilungen der darin enthaltenen Quarks und Gluonen bei. Diese Daten wurden später ein wichtiger Baustein für die Analyse der Kollisionen am LHC, da sie notwendig für das Verständnis der Anfangsbedingungen in den Proton-Proton-Kollisionen sind.

---

[4]Die Luminosität oder „Beleuchtungsstärke" ist ein Maß für die Kollisionsrate. Je mehr Teilchen pro Sekunde miteinander kollidieren, desto höher die Luminosität.

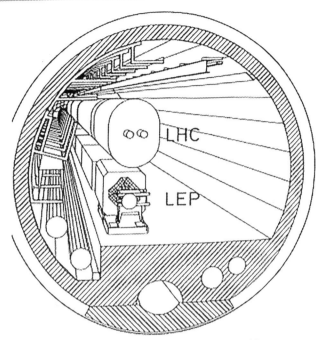

**LARGE HADRON COLLIDER
IN THE LEP TUNNEL**

Abb. 6.1 Titelblatt der Konzeptstudie des ECFA-Workshops im März 1984 in Lausanne mit der Illustration eines Large Hadron Collider im LEP-Tunnel. (© 1984 CERN, License: CC-BY-3.0)

6.3   Alles super, oder ...? –
Der Superconducting Super Collider (SSC)

Aber noch war der LHC nicht genehmigt und blieb der Traum der europäischen Teilchenphysiker, als in den 1980er Jahren ein mächtiger Konkurrent in den USA auftauchte: der Superconducting Super Collider (SSC)!

Es war die Zeit von Ronald Reagan als US-Präsident und die Zeit der großen Ideen und Zukunftsprojekte. Der SSC war „*Big Science*": ein geplanter supraleitender Ring von 87 km Umfang mit einer Kollisionsenergie von 40 TeV, dreimal soviel wie am LHC. Nach einem harten Wettbewerb vieler US-Bundesstaaten wurde als

Standort allerdings keines der schon existierenden Forschungszentren ausgewählt, sondern der kleine Ort Waxahachie mitten in der texanischen Prärie 48 km südlich von Dallas. Ein komplett neues Forschungszentrum sollte aus dem Boden gestampft werden, mit Gebäuden, Vorbeschleunigern, einer komplett neuen Infrastruktur, Dingen, die am CERN über Jahre gewachsen und schon vorhanden waren. Der SSC sollte die US-amerikanische Antwort auf die Entdeckung der W- und Z^0-Bosonen und dem nachfolgenden Nobelpreis werden, womit Europa und CERN zum ersten Mal die amerikanische Teilchenphysik überflügelt hatte. Dies sollte sich bei der nächsten zu erwartenden großen Entdeckung, dem Higgs-Boson, nicht wiederholen.

Als der SSC 1987 zunächst von Reagan grünes Licht bekam und ein Jahr später vom US-*Congress* genehmigt wurde, war dies auch eine politische Entscheidung. Die Kosten waren anfänglich auf 4,4 Mrd. US$ veranschlagt worden. Dazu kam eine weitere Milliarde für die Detektoren, anfallende Betriebskosten vor der Fertigstellung, Landkauf und Projektentwicklungskosten. Einen Großteil dieser Summe sollte das *Department of Energy* (DoE) beisteuern, das in den USA hauptsächlich für die Finanzierung der Teilchenphysik verantwortlich ist. Einen weiteren Teil wollte Texas beitragen und der nicht geringe Rest sollte von ausländischen Regierungen eingeworben werden. Allerdings war der SSC von Anfang an ein durchgehend US-amerikanisches Projekt unter amerikanischer Führung, wie Reagans *Secretary of Energy* John Herrington unmissverständlich betonte. Die USA wollten sich in nichts hinein reden lassen und daher war es nicht verwunderlich, dass weder Kanada, Japan noch Europa Interesse zeigten, den reinen Geldgeber zu spielen, aber keinen Einfluss auf Design, Ziele und Kosten haben sollten.

Der SSC hatte jedoch unmittelbare Auswirkungen auf das Design des europäischen Konkurrenzprojekts: Um den Nachteil der geringeren Energie auszugleichen, sollte der LHC nun eine zehnfach höhere Luminosität haben als der SSC und wie beim Workshop 1984 in Lausanne gefordert: 10^{34} cm^{-2}s^{-1}. Nur damit konnte eine vergleichbar hohe Produktionsrate für Higgs-Bosonen erreicht werden. Dies brauchte mehr und stärker fokussierte Protonen an den Kollisionspunkten: Der LHC sollte mit Protonen quasi vollgepumpt werden. Allein die gespeicherte kinetische Energie der Protonenstrahlen würde damit hundertmal größer sein als jemals in irgendeinem anderen Collider. Auch die Teilchendetektoren rund um den Kollisionspunkt mussten auf eine höhere Belastung ausgelegt werden: mehr Strahlung, höhere Teilchendichte, mehr Datenrate. Allerdings konnte auch die zehnfach höhere Luminosität den Vorteil der deutlich höheren Energie des SSC nicht wettmachen, wenn es um die Entdeckung neuer, sehr schwerer Teilchen ging, über das Higgs- und das Standardmodell hinaus.

So wurde das LHC-Design konkurrenzfähiger gemacht, aber der SSC war dennoch im Vorteil, wenn, ja wenn er denn wirklich gebaut worden wäre. Nach

Baubeginn stiegen die anfänglich projektierten Kosten immer weiter auf das Doppelte im Sommer 1992 und schließlich auf 11 Mrd.[5] US\$ im Herbst 1993, bei ungewissen weiteren Kostensteigerungen. Das war zu viel! Nachdem bereits 23,5 km Haupttunnel und 17 Zugangsschächte für mehr als 2 Mrd. US\$ in die texanische Prärie gebohrt wurden, stoppte der US-*Congress* den SSC am 21. Oktober 1993 endgültig.

6.4   Die Weltmaschine

Diese Entscheidung machte den Weg frei für den LHC, als einzig verbliebenem Projekt eines Proton-Proton-Colliders bei höchsten Energien. Weniger als zwei Monate nach dem Ende des SSC präsentierte das CERN-Management im Dezember 1993 dem CERN-Council einen Plan, den LHC innerhalb von zehn Jahren zu bauen. Allerdings war auch der LHC nicht gerade ein Sonderangebot. Der Tunnel, die Vorbeschleuniger und die Infrastruktur des CERN waren zwar vorhanden, ganz im Gegensatz zum SSC, aber Hauptkostenpunkt waren die Magnete, die den Strahl mit einem bislang großtechnisch noch nicht erreichten Magnetfeld von über 8 T (80.000 G) um die, verglichen zum SSC, engere Kurve zwingen mussten.

Die Stärke des Erdmagnetfeldes in Deutschland beträgt ca. 50 μT (0,5 G), typische Dauermagnete liegen im Bereich von 0,1 T (1000 G), aber sehr viel stärkere Magnetfelder lassen sich durch Spulen erzeugen, die von hohem Strom durchflossen werden. Eisen hilft dabei, das Magnetfeld zu verstärken und zu formen, allerdings sind die stärksten Elektromagnete mit Eisenkern auf ca. 2 T (20.000 G) beschränkt, da das Eisen dann vollständig magnetisiert ist und keine höheren Feldstärken mehr erlaubt. Bei Feldern über 2 T werden die Verluste durch den elektrischen Widerstand in konventionellen Kupferspulen zudem schnell sehr hoch. Die Spulen müssen mit Wasser gekühlt werden, um die Verlustwärme abzuführen und viel Energie geht dabei verloren. Die Wasserkühlung verursacht dabei die gleichen Probleme mit undichten Leitungen, Hähnen und Dichtungen wie in jedem Privathaushalt, wenn der Klempner kommen muss.

Magnetfelder oberhalb von 2 T werden daher praktisch ausschließlich durch supraleitende Spulen erzeugt, die keine Verluste durch elektrische Widerstände haben, dafür aber auf Temperaturen von flüssigem Helium nahe dem absoluten Nullpunkt[6] gekühlt werden müssen. Im Jahr 1911 entdeckte der niederländische Physiker

---

[5]Entsprechend einer Kaufkraft von 18 Mrd. US\$ im Jahr 2016.
[6]Der Siedepunkt von flüssigem Helium liegt bei $-269\,°C$ (4,15 K), der absolute Nullpunkt bei $-273,15\,°C$.

Heike Kamerlingh Onnes (1853–1926) beim Abkühlen von Quecksilber, dass der elektrische Widerstand bei einer bestimmten Temperatur (Sprungtemperatur) von 4,183 K plötzlich auf einen unmessbar kleinen Wert fiel. Später wurde dieser als Supraleitung bezeichnete Effekt auch bei anderen Metallen und Legierungen gefunden, bei ähnlich tiefen Temperaturen. Erst 75 Jahre später entdeckten im Jahr 1986 der Deutsche Georg Bednorz und der Schweizer Karl Alexander Müller Sprungtemperaturen oberhalb von 35 K bei verschiedenen keramischen Materialien, den sogenannten Hochtemperatursupraleitern. Inzwischen[7] liegt die höchste erreichte Sprungtemperatur bei 138 K (−135 °C), deutlich über dem Siedepunkt von flüssigem Stickstoff (77,15 K bzw. −196 °C), mit dem die Kühlung sehr vereinfacht wird.

Leider handelt es sich bei den Hochtemperatursupraleitern jedoch ausnahmslos um brüchige, keramische Materialien, die sich nur schwer zu Drähten und Kabeln formen lassen. Für die industrielle Anwendung werden daher, bis auf wenige Ausnahmen, nur die klassischen metallischen Supraleiter, meist Niob oder eine Niob-Legierung, verwendet, die mit flüssigem Helium gekühlt werden müssen. Eine häufige Verwendung findet sich bei Magnetresonanztomographen (MRT, eigentlich Kernspintomographen), bei der von supraleitenden Spulen Magnetfelder bis zu 3 T erzeugt werden. Andere Teilchenbeschleuniger mit supraleitenden Spulen verwenden Magnetfelder im Bereich von 3,5 bis 5 T. Der LHC sollte jedoch mit 8,33 T bei einer Strahlenergie von 7 TeV deutlich darüber liegen, über der Grenze des bis dahin technologisch machbaren. Als das LHC-Projekt dem CERN-Council Ende 1993 vorgestellt wurde, war die Entwicklung der LHC-Magnete noch in vollem Gange und erst im April 1994 erreichte ein erster, noch verkürzter Prototyp mehr als die geforderten 8,33 T.

Die Genehmigung zum Bau des LHC zog sich über ein Jahr hin. Während die meisten Mitgliedsländer dafür waren, blockierten Deutschland und Großbritannien zunächst die Entscheidung und verlangten zusätzliche Beiträge von Frankreich und der Schweiz, die als Gastländer des CERN mehr als andere von den Industrieaufträgen beim Bau profitieren würden. Beide Gastländer willigten dazu schließlich ein und der LHC wurde im Dezember 1994 vom Council genehmigt. Die Finanzierung sollte aus dem laufenden Budget des CERN erfolgen, sowie den Zusatzbeiträgen der Gastländer, weitere Sondermittel aus den Mitgliedsländern gab es nicht. Damit reichten die Gelder nur für zwei Drittel der notwendigen Magnete. Jeder dritte Magnet sollte zunächst fehlen und in einer zweiten, späteren Phase nachgerüstet werden. Der LHC wäre in der ersten Phase auf Zweidrittel seiner Maximalenergie beschränkt gewesen. Dabei gab es jedoch die Hoffnung, bis zum eigentlichen

---

[7] Stand: Anfang 2016.

Baubeginn weitere Finanzierungsquellen zu finden, um dann doch mit einer vollständigen Maschine zu starten.

Was beim SSC unter rein US-amerikanischer Führung nicht funktionierte, gelang beim LHC: In den nächsten beiden Jahren sicherten Japan, Indien, Russland, Kanada und die USA Beiträge zum LHC zu, meist über Sachleistungen wie Magnete, die im eigenen Land hergestellt und geliefert wurden, oder durch Bereitstellung von Personal. Der LHC wurde zu einer Weltmaschine und im Dezember 1996 endgültig mit dem vollständigen Satz von Magneten von Beginn an genehmigt.

6.5   Kälter als das Universum

Am CERN werden Weltrekorde nicht wirklich wahrgenommen, auch wenn der LHC davon einige zu bieten hat: höchste Strahl- und Kollisionsenergie, höchstes Magnetfeld aller Beschleuniger, höchstes zu kühlendes Magnetgewicht mit dem größten flüssig-Helium-Kühlsystem der Welt.

Als supraleitendes Kabel wird im LHC eine Legierung aus Niob und Titan mit einer Sprungtemperatur von 9 K verwendet. Allerdings hat das durch den Strom in den Spulen erzeugte Magnetfeld einen starken Einfluss auf die supraleitenden Eigenschaften. Bei 8,33 T sinkt die Sprungtemperatur auf nur 4 K, sodass eine einfache Kühlung mit flüssigem Helium am Siedepunkt nicht ausreichen würde. Stattdessen wird Helium bei 1,9 K verwendet, das damit kälter ist als das Universum, dessen kosmische Mikrowellenhintergrundstrahlung eine Temperatur von 2,725 K besitzt und das eine Reihe von Vorteilen bietet. Helium nimmt unterhalb von 2,172 K einen suprafluiden Zustand an, *Helium-II,* eine makroskopische Quantenflüssigkeit mit erstaunlichen Eigenschaften wie verschwindender Viskosität und enormer Wärmeleitfähigkeit. *Helium-II* kriecht ohne Reibungsverluste die Wände eines Gefäßes hinauf, benetzt alle Materialien und erreicht damit leicht alle zu kühlenden Teile.

Um die fast 40.000 t LHC-Magnete von Raumtemperatur auf 1,9 K abzukühlen, sind gewaltige Mengen an Kühlmittel nötig. Der LHC-Ring ist dazu in acht Sektoren aufgeteilt, die jeweils einzeln abgekühlt oder aufgewärmt werden können. In einem ersten Schritt werden die Sektoren dabei mit Hilfe von 37.000 t flüssigen Stickstoffs von Raumtemperatur auf 80 K vorgekühlt, bevor dann Helium zum Einsatz kommt. Auch wenn zwei bis drei Sektoren gleichzeitig abgekühlt werden, dauert der gesamte Vorgang des Abkühlens aller acht Sektoren von Raumtemperatur bis auf 1,9 K etwa sechs Monate.

Trotz aller Kühlung kann jedoch jede kleine Wärmequelle zu einer lokalen Temperaturerhöhung führen, bei der das supraleitende Kabel in Normalleitung übergeht, ein sogenannter Quench. Hohe Magnetfelder üben enorme Kräfte auf die

stromdurchflossenen Kabel aus, die deswegen in den LHC-Magneten durch Edel-
stahlklammern mechanisch fixiert sind, denn jede kleinste Bewegung führt zu Reibung und damit zu Wärme, die einen Quench verursachen kann. Je höher die
Stromstärken und die Magnetfelder, desto stärker die Kräfte und desto größer die
Möglichkeit eines Quenches.

Auch ein partieller Strahlverlust kann zu einem Quench führen. Lediglich 5 Mio.
Protonen bei 7 TeV genügen, um den Magneten lokal so weit aufzuheizen, dass er
in den normalleitenden Zustand wechselt und möglichst schnell abgeschaltet werden muss. Wie ein elektrischer Kondensator, der Energie in Form des elektrischen
Feldes speichert, speichern auch die LHC-Magnete eine enorme Energie in Form
des Magnetfeldes, das langsam und kontrolliert abgebaut werden muss.

In dieser Zeit ist der Magnet durch den Quench jedoch normalleitend geworden und plötzlich hat das bislang supraleitende, ohne Verluste arbeitende Kabel
nun einen elektrischen Widerstand, durch den auch nach dem Abschalten noch fast
eine Minute lang Ströme von einigen tausend Ampere fließen. Supraleiter sind im
normalleitenden Zustand jedoch ausgesprochen schlechte Leiter mit hohem Widerstand und würden bei diesen Stromstärken schmelzen. Deshalb besteht das Kabel
nicht nur aus der supraleitenden Niob-Titan-Legierung, sondern weit mehr aus nor-
malleitendem Kupfer, das im Falle eines Quenches für kurze Zeit die Entladeströme
aufnimmt.

6.6   Ein Quench kommt selten allein

Mit Beginn des neuen Jahrtausends und dem Ende des LEP-Colliders begann die
Fertigung der LHC-Magnete (siehe Abb. 6.2). Zunächst wurde davon ausgegangen,
dass man fünf Jahre brauchen würde, um den LHC fertigzustellen. Aber schon bald
zeigte sich, dass man bei einem Projekt von der Größenordnung des LHC, einmalig
auf der Welt und ohne Prototyp, mehr Zeit benötigte.

Zuerst mussten die supraleitenden Kabel sowie tausende von anderen Einzel-
teilen produziert werden, bevor die Magnete schließlich von drei verschiedenen
Herstellern in Frankreich, Italien und Deutschland zusammengefügt wurden. Nach
der Lieferung der Magnete und vor dem Einbau in den Tunnel erfolgten ausgiebige
Tests am CERN. Jeder einzelne Magnet wurde auf 1,9 K heruntergekühlt und auf
ein Magnetfeld von 9 T getestet, 8 % über dem erforderlichen Feld für 7 TeV. Ein
Teil der Magnete erreichte 9 T auf Anhieb, bei anderen erfolgten ein oder mehrere
Quenche infolge mechanischer Spannungen, ein Zurechtrücken der Magnetspulen,
sodass im nächsten Versuch dann ein höheres Feld erreicht wird. 80 % der Magnete erreichten 9 T nach maximal zwei Quenchen, bei den restlichen Magneten

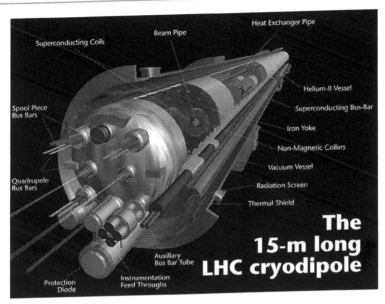

Abb. 6.2 Schema eines LHC-Ablenkmagneten (LHC cryodipole). (© 1998 CERN)

wurde das Testkriterium auf 8,66 T reduziert, aufgrund der limitierten Testzeit. Nur wenige Magnete mussten aussortiert werden, wenn auch nach weiteren Quenchen das Sollfeld nicht erreicht wurde.

Alle erfolgreich getesteten Magnete mussten zunächst zwischengelagert werden. Mangels ausreichendem Platz in den Werkshallen wurden verschiedene Parkplätze zweckentfremdet, die schließlich Hunderte von fertigen LHC-Magneten aufnahmen, äußerlich 15 m lange und 35 t schwere blaue Röhren, im Innern vollgestopft mit Magnettechnologie. Mit einem speziell konstruierten Transportwagen wurde jeder Magnet im engen Tunnel an seinen Bestimmungsort gebracht und dort eingebaut, bis auf einige wenige, die ihren Platz vor dem *Restaurant 1* oder dem *Globe of Science and Innovation* fanden, dem Wahrzeichen des CERN seit dessen 50-jährigem Jubiläum. Zahllose Besuchergruppen haben ihren CERN-Besuch vor diesen Magneten dokumentiert.

Nach sieben Jahren, am 26. April 2007 und damit zwei Jahre später als geplant, wurde schließlich der letzte Magnet in den Tunnel abgesenkt. Der Ring war komplett! In der Zwischenzeit mussten einige Krisen überwunden werden, nicht ganz unerwartet bei einem Projekt dieser Komplexität. Im Juni 2004 stellte sich ein Pro-

Abb. 6.3 Blick in den LHC-Tunnel mit Magneten und den dahinter installierten Versorgungssystemen. (© 2011 CERN)

blem mit der Versorgungsleitung heraus, die flüssiges Helium im Tunnel zu den Magneten befördert. Die Leitung war von einer externen Firma geplant, hergestellt und installiert worden, die sich gegen zwei Mitbewerber durch ein überraschend günstiges Angebot durchgesetzt hatte. Leider war der günstige Preis offensichtlich nur aufgrund von Einbußen in Qualität und Material zu halten, was sich aber erst zeigte, nachdem bereits ein Sektor installiert worden war. Notwendige Nachbesserungen führten zu Verzögerungen, da zunächst die Versorgungsleitungen installiert werden mussten, bevor die Magnete im Tunnel platziert werden konnten (siehe Abb. 6.3).

Im März 2007 gab es das nächste Problem. Bei einem Drucktest brachen die Halterungen der sogenannten *Inner Triplet*-Magnete. Jeweils drei dieser Magnete befinden sich auf beiden Seiten der Kollisionspunkte der Protonenstrahlen und sollen diese wie eine Sammellinse auf einen möglichst kleinen Durchmesser fokussieren. Während die Strahlen über die meiste Tunnelstrecke einen Durchmesser im Millimeter-Bereich haben, sind sie an den Kollisionspunkten nur etwa 16 μm klein, um eine möglichst hohe Teilchendichte und damit hohe Kollisionsrate und Luminosität zu erzielen. Die *Inner Triplet*-Magnete waren ein Teil der Sachleistungen, die unter Beteiligung der CERN-Ingenieure von den Nicht-Mitgliedsländern des CERN gebaut und geliefert wurden. Wie sich herausstellte, wurden beim Design der Halterungen Kräfte übersehen, die unter bestimmten Bedingungen auftreten können. Nachdem dies dank des Tests noch rechtzeitig erkannt wurde, konnten die Haltungen entsprechend geändert werden.

Schließlich wurde der erste Sektor im August 2007 zu Testzwecken abkühlt und wieder aufgewärmt, was ein weiteres Problem offenlegte. An einigen Übergangsstellen zwischen den Magneten ragten Metallteile in das Vakuumrohr, die den freien Durchgang des Teilchenstrahls unmöglich gemacht hätten. Was war passiert? Die Ursache lag in der thermischen Schrumpfung und Ausdehnung der Magnete beim Abkühlen und Aufwärmen. Die meisten Gegenstände, auch die LHC-Magnete, dehnen sich bei Wärme aus und schrumpfen bei Kälte. Brücken haben deswegen einen Spalt zwischen den einzelnen Brückenelementen, um die Ausdehnung bei hohen Temperaturen zu ermöglichen. Ein LHC-Magnet von 15 m Länge schrumpft beim Abkühlen auf 1,9 K um beachtliche 62 mm. Alle Verbindungen und auch die Vakuumrohre sind daher an den Übergangsstellen nicht starr ausgelegt, sondern besitzen Faltenbälge, um Schrumpfung und Ausdehnung auszugleichen. Innerhalb des Vakuumrohres sollen Metallfedern, die entlang der Wände gleiten, für eine gute elektrische Verbindung sorgen. Genau dies passierte aber an einigen Stellen nicht, die Federn verklemmten und verbogen sich und ragten in das Vakuumrohr herein. Die Federn waren zuvor unter verschiedensten Bedingungen immer wieder getestet worden und nie tauchte ein derartiges Problem auf. Auch weitere Messungen mit fertigen Verbindungsstücken wiesen zunächst keine Abweichungen von den Spezifikationen auf und doch passierte es.

Des Rätsels Lösung lag schließlich in der Produktion der Metallfedern beim Hersteller. Zu Beginn der Produktion wiesen die Federn eine falsche Verrundung der Kontaktfläche auf, was durch einen stärkeren Federwinkel und damit Anpressdruck korrigiert wurde, sodass sich die Gefahr des Klemmenbleibens stark erhöhte. Später wurde der Produktionsfehler korrigiert, aber die allerersten Federn unwissentlich eingebaut.

Wie konnte man in das Vakuumrohr hineinragende Federn zuverlässig finden? Es war prinzipiell möglich, jede Übergangsstelle zu röntgen, aber dies hätte einen erheblichen Aufwand bedeutet. Auch hätten im Röntgenbild andere Teile die Federn verdeckt und nicht immer eine eindeutige Aussage erlaubt. Stattdessen kam man auf eine verblüffend einfache Methode: Eine kleine Kugel in der Größe eines Tischtennisballes wurde mit einem kleinem Sender versehen und mit Hilfe von Luftdruck durch das Vakuumrohr geschickt, wie bei einer Rohrpost. Immer dort, wo die Federn in das Vakuumrohr hineinragten, kam der Ball nicht weiter und konnte mit Hilfe des Senders lokalisiert werden. Das Öffnen und Ersetzen der fehlerhaften Verbindung dauert nur wenige Stunden, wonach der Ball dann weiter auf die Reise geschickt werden kann bis zum nächsten Stopp. Seitdem wird dieses Verfahren nach jedem Aufwärmen eines Sektors routinemäßig angewendet.

Sie haben in diesem *essential* von den Ursprüngen, der Geschichte und den Erfolgen des CERN erfahren, das Standardmodell in seinen Grundzügen kennengelernt, gesehen, wie Teilchenbeschleuniger funktionieren, und einen Überblick über den Large Hadron Collider LHC mit seinen technologischen Herausforderungen und seinem Bau erhalten.

Im Laufe des Jahres 2008 rückte der Start des LHC schließlich immer näher. Seit der endgültigen Genehmigung durch das CERN-Council im Dezember 1998 waren fast zehn Jahre vergangen. Zwei Drittel der CERN-Mitarbeiter waren direkt oder indirekt am Bau des LHC beteiligt. Die Kosten alleine des Beschleunigers betrugen etwa 5 Mrd. Schweizer Franken, hinzu kommen Kosten für die Detektoren und für die notwendige Computer-Infrastruktur, um die gewaltigen Datenmengen der Detektoren zu speichern und zu verarbeiten.

In einem weiteren Teil dieser *essential*-Reihe[1] werden Sie erfahren, wie groß die Freude war, als am 10. September 2008 zum ersten Mal Protonen im LHC zirkulierten und wie groß die tiefe Ernüchterung, als nur wenige Tage später durch einen Unfall der LHC massiv beschädigt wurde.

Sie werden die Experimente und Detektoren am LHC kennenlernen, verstehen, wie man Teilchen nachweisen kann und wie schließlich am 4. Juli 2012 die Entdeckung eines neuen Teilchens mit den beiden großen Teilchendetektoren ATLAS und CMS verkündet wurde, mit dem Physiknobelpreis 2013 an die beiden theoretischen Physiker François Englert und Peter Higgs als vorläufigem Höhepunkt.

Sie werden den Neustart der Weltmaschine nach einer Pause von mehr als zwei Jahren im Frühjahr 2015 mitverfolgen, bis zu den ersten Kollisionen am 3. Juni 2015 mit fast doppelt so hoher Energie wie zuvor. Dies markiert den Beginn

---

[1] Michael Hauschild – Neustart des LHC: die Experimente und das Higgs.

© Springer Fachmedien Wiesbaden 2016
M. Hauschild, *Neustart des LHC: CERN und die Beschleuniger,*
essentials, DOI 10.1007/978-3-658-13479-2_7

der neuen Forschungen am LHC, in der das Higgs-Teilchen weiter vermessen und mit den theoretischen Vorhersagen verglichen werden muss, aber besonders neue Teilchen vielleicht nur darauf warten, in den nächsten Jahren entdeckt zu werden, dank der höheren Energie des LHC. Jedes neu entdeckte Teilchen könnte dabei eine Revolution im Verständnis unserer Welt und des Universums auslösen.

In zwei weiteren *essentials* dieser Reihe[2,3] erfahren Sie außerdem mehr zu den Hintergründen des Higgs-Teilchens, zum Standardmodell und der Neuen Physik jenseits des Standardmodells aus der Sicht eines theoretischen Physikers.

[2] Alexander Knochel – Neustart des LHC: das Higgs-Teilchen und das Standardmodell (ISBN 978-3-658-11626-2).

[3] Alexander Knochel – Neustart des LHC: neue Physik.

Was Sie aus diesem *essential* mitnehmen können

- **CERN** bei Genf ist **das** Weltzentrum für Teilchenphysik, an dem über 11.000 Gastwissenschaftler mit 100 verschiedenen Nationalitäten elementarste Fragen der Grundlagenforschung und der Menschheit zu beantworten versuchen – aus welchen Bausteinen sind wir und ist die Welt zusammengesetzt und welche Kräfte wirken dazwischen.
- Physiker haben über viele Jahrzehnte das **Standardmodell** der Elementarteilchenphysik entwickelt und durch zahllose Experimente immer mehr bestätigt, bis hin zum lang gesuchten Higgs-Teilchen, das schließlich mit dem LHC am CERN 2012 entdeckt wurde.
- Dieser Erkenntnisgewinn ist ohne **Teilchenbeschleuniger** nicht möglich: Dabei müssen die Teilchen auf immer höhere Geschwindigkeiten und Energien gebracht werden, um ihre Struktur zu entschlüsseln und dadurch einen immer tieferen Einblick in den Aufbau der Materie und deren Bestandteile zu bekommen.
- Der **LHC** wurde bereits in den 1980er Jahren konzipiert und nach 25 Jahren schließlich 2008 erstmalig in Betrieb genommen. Er ist der größte und bei weitem leistungsfähigste Teilchenbeschleuniger der Welt und stellt den vorläufigen Höhepunkt dieser Entwicklung dar.

© Springer Fachmedien Wiesbaden 2016
M. Hauschild, *Neustart des LHC: CERN und die Beschleuniger,*
essentials, DOI 10.1007/978-3-658-13479-2

Anhang

Designparameter des LHC

Umfang der Sollbahn	26.659 m
Anzahl der Ablenkmagnete	1232
Anzahl aller Magnete	9593
Länge der supraleitenden Kabel	7600 km
Kühltemperatur	1,9 K (−271,25 °C)
Gesamtgewicht der zu kühlenden Magnete	37.600 t
Menge des benötigten flüssigen Heliums	120 t
Nominalenergie der Protonen pro Strahl	7 TeV
Geschwindigkeit bei 7 TeV [v/c]	99,9999991 %
Magnetfeld bei 7 TeV	8,33 T
Gespeicherte magnetische Energie bei 7 TeV	10 GJ
Stromstärke der Ablenkmagnete bei 7 TeV	11.850 A
Anzahl der Stromverbindungen	ca. 10.000
Vakuum	10^{-10} mbar (HPa)
Anzahl der Umläufe der Protonen pro Sekunde	11.245
Anzahl der Teilchenbündel eines Protonstrahls	2808
Anzahl der Protonen eines Teilchenbündels	$1,15 \times 10^{11}$
Anzahl der Strahlkreuzungen pro Sekunde	40 Mio.
Anzahl der Kollisionen pro Strahlkreuzung	20
Gesamtanzahl von Kollisionen pro Sekunde	800 Mio.
Maximale Luminosität	10^{34} cm^{-2} s^{-1}
Gespeicherte kinetische Energie pro Protonstrahl	362 MJ

© Springer Fachmedien Wiesbaden 2016
M. Hauschild, *Neustart des LHC: CERN und die Beschleuniger,*
essentials, DOI 10.1007/978-3-658-13479-2

Literatur

CERN Convention (französisch und deutsch). https://cdsweb.cern.ch/record/330625?ln=de.

Evans, Lyndon, Hrsg. 2009. *The Large Hadron Collider: a Marvel of Technology*. CERN and EPFL Press. ISBN 978-2-9400222-34-6, ISBN 978-1-4398-0401-8.

LHC Facts and Figures. http://cds.cern.ch/record/1165534/files/CERN-Brochure-2009-003-Eng.pdf.

Schopper, Herwig. 2009. *LEP – The Lord of the Collider Rings at CERN 1980–2000*. Berlin: Springer. ISBN 978-3-540-89300-4, eBook ISBN 978-3-540-89301-1.

Schörner-Sadenius, Thomas, Hrsg. 2015. *The Large Hadron Collider – Harvest of Run 1*. Lausanne: Springer International Publishing. ISBN 978-3-319-15000-0, ISBN 978-3-319-15001-7 (eBook), doi: 10.1007/978-3-319-15001-7.

Scientific American. 2013. *The Supercollider That Never Was*. http://www.scientificamerican.com/article/the-supercollider-that-never-was/.

The history of CERN. http://timeline.web.cern.ch/timelines/The-history-of-CERN.

© Springer Fachmedien Wiesbaden 2016
M. Hauschild, *Neustart des LHC: CERN und die Beschleuniger*,
essentials, DOI 10.1007/978-3-658-13479-2

Lesen Sie hier weiter

Alexander Knochel

**Neustart des LHC:
das Higgs-Teilchen und
das Standardmodell**
Die Teilchenphysik hinter der
Weltmaschine anschaulich erklärt

2016, XIII, 45 S. 8 Abb.
Softcover € 9,99
ISBN 978-3-658-11626-2

Änderungen vorbehalten.
Erhältlich im Buchhandel oder beim Verlag.

Einfach portofrei bestellen:
leserservice@springer.com
tel +49 (0)6221 345-4301
springer.com

Printed in the United States
By Bookmasters